L'APICULTURE

PERFECTIONNÉE

OU

THÉORIE ET APPLICATION PRATIQUE

DE LA

DIRECTION DES RAYONS

PAR

J. GRESLOT.

Prix : 1 fr. 50 cent.

PARIS,

LIBRAIRIE CENTRALE D'AGRICULTURE ET DE JARDINAGE,

QUAI DES AUGUSTINS, 41.

— Auguste GOIN, éditeur. —

1856.

L'APICULTURE

PERFECTIONNÉE

OU

THÉORIE ET APPLICATION PRATIQUE

DE LA

DIRECTION DES RAYONS

PAR

J. GRESLOT.

PARIS,

LIBRAIRIE CENTRALE D'AGRICULTURE ET DE JARDINAGE,

QUAI DES AUGUSTINS, 41.

—

— Auguste GOIN, éditeur. —

—

1856.

Vitry, Imprimerie de F.-V. Bitsch.

AVANT-PROPOS.

Dans l'éducation des abeilles, les succès dépendent
en partie du mérite de la ruche dont on se sert ; tous
les apiculteurs conviennent de cette vérité Nous
connaissons des ruches de différentes formes et de
divers systèmes : celles-ci ont un plafond rond ,
celles-là ont un dessus plat ou incliné ; les unes et
les autres sont ou d'une seule pièce ou de plusieurs
qui se séparent, soit horizontalement soit verticalement. Les premières ont la préférence des éducateurs quant à la forme seulement, mais parmi elles,
il n'y en a pas une seule qui, au point de vue de la
manutention, puisse être comparée aux autres ; aucune ruche ronde n'est construite dans le système
vertical, système qui n'est plus qu'une question de
temps pour être adopté avec la forme ronde; il n'y a
même pas dans cette classe une ruche économiquement construite.

L'apiculture, cette branche si intéressante de l'économie rurale, réclame des ruches à dessus rond avec
des divisions. Malgré les excellents traités qu'elle
possède , elle ne fait pas de progrès ; c'est qu'aucun

progrès ne sera possible, tant que les éducateurs
persisteront dans l'emploi de la ruche ordinaire, absolument désavantageuse pour la pratique. Puisque
par l'habitude qu'ils ont de la forme ronde, ils pen-
sent avec raison qu'elle a une supériorité réelle,
nous leur désignons des ruches rondes, auxquelles
toutes les méthodes sont applicables. Nous devons à
ces ruches la multiplication de nos abeilles et des
produits abondants ; les mêmes succès sont réservés
à ceux qui nous imiteront.

C'est parce que, par nos recherches multipliées,
nous avons pu trouver l'unique moyen à employer
pour réunir par la superposition les ruches à dessus
bombé; c'est principalement parce que nous avons
pu découvrir la seule forme convenable du plafond
des ruches coupées verticalement, la seule forme qui
puisse faire atteindre à la perfection, que nous donnons le modèle de nos ruches avec la manière de les
construire et de s'en servir avantageusement.

Ce n'est pas un livre sur les abeilles que nous venons offrir à nos lecteurs, ce n'est qu'une description de ruches réunissant avec la forme ronde tous
les avantages que peut désirer un apiculteur.

L'APICULTURE PERFECTIONNÉE

OU

THÉORIE ET APPLICATION PRATIQUE

DE LA

DIRECTION DES RAYONS.

CHAPITRE PREMIER.

Forme des ruches. — Qualités indispensables de la ruche. — Systèmes de ruches.

1° *Forme des ruches.* — Parmi les conditions requises pour la construction d'une ruche, il en est une qui domine toutes les autres, je veux parler de celle qui touche au bien-être des abeilles et à leurs travaux : fournir à ces insectes précieux un logement sain, tel doit être le premier soin de leur éducateur. A cet effet toutes les formes peuvent-elles avoir un égal mérite ?

Cette question a été traitée par divers agronomes dans le nombre desquels il faut citer les Lombard, les Bosc, les Feburier, les Radouan, les de Frarière, etc., etc. Tous ont reconnu la nécessité d'incliner la partie supérieure des ruches, pour que les vapeurs qui résultent de la transpiration des abeilles, après s'être condensées au plafond, soient déversées vers les parois et ne retombent pas en pluie sur les rayons ni sur les abeilles qui les occupent.

Lorsque le dessus est plat, l'humidité intérieure, suspendue au plafond, n'ayant d'écoulement vers aucun des côtés, retombe nécessairement dans le centre. S'il est incliné au moyen d'un ou de deux plans comme un toit de maison, l'écoulement des vapeurs en dehors des rayons n'a lieu que quand la direction de ceux-ci se trouve en harmonie avec la pente, ce qui arrive très-rarement et seulement dans certaines circonstances déterminées. De ce qu'une ruche a le dessus incliné, il n'en résulte pas que les édifices soient préservés de la chûte des vapeurs. Leur disposition en travers de la pente est un obstacle au détournement de l'humidité et suffit pour rendre le logement des abeilles aussi malsain que quand il n'y a aucune pente ; par conséquent ce genre de construction est un contre-sens. J'ai fait usage autrefois de ruches de cette forme ; heureusement, je n'ai pas persisté dans leur funeste emploi, car mon rucher aurait été anéanti en peu de temps ; deux années d'expérimentation m'ont convaincu qu'il n'y a pas de forme plus pernicieuse que celle-là.

Mais avec une ruche à dessus bombé, quelle que soit la disposition des gâteaux, ceux du centre au moins sont toujours bien placés, à cause de la convexité qui existe dans tous les sens ; aussi les ruches à dessus rond sont-elles moins exposées à la dysenterie et à la moisissure que les autres. Au point de vue de la santé des abeilles, parmi les formes connues, c'est la ruche à dessus rond qui doit être préférée ; nous examinerons ci-après si on peut la considérer comme la meilleure.

En donnant beaucoup d'air aux ruches plates, en leur laissant plusieurs ouvertures, on parvient peut-être jusqu'à un certain point à suspendre la transpiration des abeilles ou à la rendre moins abondante ; mais en supposant ce moyen efficace et exempt d'autres inconvénients, rien n'empêche de l'employer pour des ruches rondes : l'avantage se trouve donc toujours du côté de ces dernières.

Sous le rapport des travaux, la forme convexe convient bien ; elle concentre la chaleur si nécessaire au couvain, elle la conserve en la répercutant uniformément vers le centre ; aussi favorise-t-elle la précocité des essaims : comparée aux autres ruches en usage, la ruche à forme convexe a une supériorité réelle parce que sa construction repose sur des principes bien établis.

C'est de la fécondité de la reine que dépend la prospérité d'un essaim ; personne n'en doute. On ne doute pas non plus que la ponte de la reine et par conséquent l'activité des abeilles soient proportionnées à la chaleur qui se fait sentir, soit dans la ruche, soit dans l'atmosphère. Mais les ruches à dessus convexe, en procurant nécessairement plus de chaleur que les autres, favorisent la fécondité de la reine ; elles sont donc plus favorables à la propagation de nos précieux insectes. Il y a près d'un siècle qu'on tente inutilement d'employer les plafonds plats : le peu d'empressement des éducateurs pour les adopter prouve assez que cette forme ne convient pas ; c'est qu'aussi leur opinion bien fondée est en faveur de la forme convexe. En dépit de tous les efforts, cette forme dominera toujours, nous l'espérons bien.

Il est à remarquer que les critiques multipliées dont la ruche ordinaire a été l'objet de la part de plusieurs auteurs ne s'adressaient pas à la forme, mais seulement à l'impossibilité de s'en servir parce qu'elle est d'une seule pièce. Aucun n'a osé avancer qu'elle était vicieuse. On a maudit la forme en tant qu'elle offrait des difficultés de construction, mais non pas à cause de son défaut de mérite.

Parmi tous ceux qui ont proposé des ruches à dessus plat, à combinaisons plus ou moins heureuses, il n'en est aucun qui ait essayé, ou au moins désiré appliquer ces combinaisons à la forme convexe. En pensant qu'elle y était rebelle, on a mis de côté les principales difficultés au lieu de chercher à les résoudre.

Toute forme autre que la forme convexe rompt des habitudes et des sympathies créées depuis longtemps ; par son contraste avec celle en usage, elle entretient avec raison la défiance des éducateurs naturellement en garde contre toute innovation. La culture des abeilles ne peut sortir de l'ornière profonde dans laquelle elle reste engagée, que par l'emploi de ruches convexes à divisions. On a oublié, ou plutôt on n'a pas employé les ruches de Beaunier, de Feburier et de vingt autres, principalement parce qu'elles avaient un dessus anguleux.

Parce qu'on a supposé que la forme anguleuse présenterait moins de difficulté pour la construction; parce que la forme ronde a gêné les combinaisons des inventeurs, et qu'on a cru qu'elle excluait soit la division verticale, soit l'augmentation dans la partie supérieure, cette forme ronde a été sacrifiée, et l'on a fait des ruches à dessus plat; il n'y a pas d'autres motifs. La construction de celles-ci n'est donc basée sur aucun principe. Aussi elles sont défectueuses et essentiellement contraires à la propagation.

A quoi peuvent servir des angles dans la direction des rayons, sinon à nuire aux abeilles et à leurs travaux en rétrécissant le volume que la forme ronde procure avec la moindre étendue ? A capacité égale entre deux ruches de forme différente, la meilleure doit être celle qui concentre mieux le volume et la chaleur. La concentration de volume est le principe; or, c'est à la forme ronde qu'appartient le mérite de son application au premier degré : la géométrie, dont l'abeille est l'élève, démontre cette éternelle vérité : « Une ligne circulaire enveloppe plus d'espace que quand elle est brisée. »

1.

Le plafond de nos ruches (1) sera donc convexe. Nous avons adopté les dimensions éprouvées et indiquées par les Lombard et autres apiculteurs les plus expérimentés, en ayant soin de mettre ces dimensions en rapport les unes avec les autres. Nos ruches n'auront pas un mètre de longueur comme celles de M. Serain, ni un mètre de hauteur comme celles de M. Prokopowish, apiculteur russe ; la vérité ne se rencontre pas dans les extrêmes.

2º *Qualités indispensables de la ruche.* — Le mérite d'une ruche ne réside pas seulement dans la forme, mais aussi dans la facilité qu'elle présente pour la récolter. Il ne suffit pas de bien loger ses abeilles, il faut encore pouvoir donner à ces insectes tous les soins qui tendent à leur conservation. Il faut pouvoir aussi obtenir d'eux, sans leur nuire, le tribut qu'ils doivent à leur éducateur.

Si l'on voit tant de ruches-mères dépérir, s'il périt tant d'essaims dans l'année de leur installation, si d'autres ne prospèrent pas, c'est moins à cause des saisons défavorables que parce que la plupart des éducateurs d'abeilles ont des ruches avec lesquelles ils sont dans l'impossibilité de prévenir les causes de pertes.

---

(1) *Note de l'éditeur.* — Elles ont été honorées en 1854 d'une grande médaille en argent par le comice agricole du département de la Marne, et, en 1855, d'une autre médaille en vermeil par la société d'agriculture, commerce, sciences et arts du même département. Cependant elles n'avaient pas alors le degré de perfectionnement qu'elles ont aujourd'hui.

La principale cause de dépérissement des ruches-mères, c'est l'ancienneté des édifices. Enlever entièrement et tout-à-coup les édifices par le transvasement est un procédé pernicieux ; d'autres méthodes plus productives et plus rationnelles existent, elles consistent à supprimer successivement, chaque année, une partie des rayons : la ruche doit permettre ce renouvellement périodique, autrement les qualités essentielles lui manquent.

On laisse mourir ses essaims soit par le froid, quand ils ne sont pas assez peuplés ; soit par la faim, lorsqu'ils n'ont pas recueilli des provisions suffisantes pour traverser la mauvaise saison ; on perd aussi par les mêmes motifs les ruches-mères, principalement celles qui ont été énervées par l'émission des essaims. Ces accidents si fréquents peuvent être prévenus par un moyen toujours couronné de succès : il suffit de marier les ruches faibles. Un essaim faible périt ordinairement ou il ne prospère pas ; et il consomme presque autant que celui qui est fort. Aussi deux peuplades réunies sont-elles plus économes que quand elles sont seules. En mélangeant les ruches on les conserve sans frais et l'on rend fortes celles qui isolément périraient ou ne produiraient rien.

Au nombre de ses avantages, une ruche bien faite doit présenter celui de la réunion. Cet avantage qui, dans le système à coupe horizontale, assure nécessairement celui de l'augmentation dans la partie supérieure, a paru tellement important à Palteau, Beaunier, de Boisjugan, Duchet, Ducarne de Blangy, de Fontenay, Beville, etc., etc., que ces apiculteurs ont employé un dessus horizontal dans la pensée que la forme plate pouvait exclusivement le procurer. Les auteurs qui passent sous silence la réunion, tels que Lombard et autres, sont ceux qui ont proposé des ruches ne présentant pas cet avantage.

Nos ruches, bien qu'elles soient rondes, se réuniront aussi facilement que si elles avaient un plafond plat.

On laisse périr ses abeilles, parce qu'on emploie pour les nourrir des méthodes qui ne sont pas convenables. En présentant à ces insectes de la nourriture dans le haut des ruches et non pas dans la partie inférieure, il est impossible de les laisser périr : cet avantage sera attaché aux nouvelles ruches dont nous donnerons le modèle.

3° *Systèmes de ruches.* — On connaît quatre classes de ruches : la première comprend celles d'une seule pièce ; la seconde celles qui se divisent horizontalement ; la troisième celles dont les sections sont verticales ; et la quatrième celles qui se divisent horizontalement et verticalement avec des châssis verticaux suspendus au plafond.

Aucun avantage réel ne peut résulter de l'emploi des ruches d'une seule pièce ; on n'y rencontre que des inconvénients. Bien que celles-ci soient le plus en usage, un jour elles seront abandonnées : l'intérêt est un puissant mobile. Lorsque les apiculteurs auront reconnu qu'avec des ruches à divisions bien construites la culture des abeilles, dégagée de toute complication, assure des produits qui sont plus que doublés ; lorsqu'ils auront la certitude qu'au moyen de quelques soins devenus faciles on parvient à conserver une peuplade indéfiniment, ils oublieront les cages d'une seule pièce. Celles-ci ne pouvant que nuire à la culture des abeilles au lieu de l'améliorer, il ne faut s'en occuper que pour les proscrire.

Le système qui vient ensuite, inventé par Palteau, réunit plusieurs avantages, mais seulement sous la condition de suivre une bonne méthode : c'est parce que j'ai reconnu dans ce système assez accrédité l'impossibilité de trouver une seule ruche ronde pour renouveler les édifices et marier les essaims commodément par la superposition, que je m'empresse de donner le modèle d'une ruche à divisions horizontales qui m'a été très-utile, principalement à la suite des années défavorables, et dont je continue l'emploi à cause des diverses propriétés qui y sont attachées.

Dans le système vertical dont Huber est l'inventeur, je présente la description d'une ruche construite en paille et, par cela même, très-économique : susceptible d'augmentation et de diminution à volonté, devant et derrière, dans son prolongement horizontal, elle se divise entre tous les rayons. Je donne aussi le modèle d'une ruche très-simple sans sections, mais avec deux portes mobiles. Leur forme convexe toute nouvelle introduit dans l'économie des ruches un changement de la plus haute importance; il est relatif à la direction des rayons. J'établirai positivement que pour le système vertical la forme convexe est la seule admissible.

Enfin, dans la dernière classe tout récemment introduite par M. Debeauvoys, classe qui est une amélioration de la troisième, je donne aussi deux modèles de ruches : l'une est construite en bois et l'autre en paille. Leur plafond est convexe.

CHAPITRE II.

Système de ruche à sections horizontales.

§ 1er. Ruche à hausses à grillages bombés.

4° *Sa description*. — Elle est faite en paille de seigle. Elle se compose d'un nombre quelconque de hausses cylindriques superposées et d'un couvercle rond. Toutes les hausses sont uniformes, leur hauteur est de 11 à 12 centimètres, leur diamètre à l'intérieur a 52 centimètres; les mêmes dimensions sont données au couvercle. A la partie inférieure et supérieure des hausses, ainsi qu'à la partie inférieure du couvercle, il y a un cordon de paille qui fait saillie extérieurement pour servir, au moyen de fiches en bois ou en fil de fer, à réunir toutes les portions.

A chacune des hausses, dans la partie supérieure

interne, on fixera solidement plusieurs brins d'osier courbés comme le couvercle, de manière que celui-ci puisse s'appliquer sur eux. Ces légères baguettes, appelées grillages, constituant la partie la plus essentielle de la ruche, puisque c'est d'eux que dépendent toutes les propriétés de celle-ci, méritent une description particulière.

On dispose d'abord un petit cerceau en osier d'un diamètre de 52 centimètres, épaisseur comprise, afin qu'il puisse être placé horizontalement dans la hausse.

On y fixe ensuite environ 8 à 10 branches d'osier ou de coudrier ayant 4 à 5 millimètres d'anneau, espacées de 2 à 3 centimètres, en leur donnant une forme courbée dans des plans parallèles, de manière à obtenir un mince grillage bombé à claire-voie : on attache ensuite le cerceau horizontalement à la partie interne et supérieure de la hausse.

La poignée du couvercle ne doit pas faire saillie dans l'intérieur du couvercle, autrement le grillage supérieur empêcherait le couvercle de se joindre à la première hausse.

Une ouverture, ordinairement fermée avec un bouchon ou une cheville, est pratiquée dans la poignée au moyen d'une grosse mèche.

La hausse inférieure repose sur un siège en bois ou en paille, dans lequel une entaille, de 5 centimètres environ de largeur sur 7 à 8 millimètres de hauteur, est faite sur le devant, pour servir d'entrée et de sortie aux abeilles.

La ruche a un surtout en paille comme celui de la ruche ordinaire.

Telle est la nouvelle ruche à hausses que nous employons.

5° *Manière de la faire.* — Pour faire une hausse, on doit se servir d'un plateau connu sous le nom de métier, afin d'obtenir un diamètre uniforme. C'est simplement une planche de 2 à 3 centimètres d'épaisseur, arrondie sur un diamètre de 32 centimètres. Avec ce métier, aussi facile à faire que commode à employer, non-seulement on travaille régulièrement, mais vite.

On disposera d'abord un cordon de paille d'environ 1 mètre 15 centimètres de longueur, en le serrant avec de l'osier plat ou des tilles de coudrier, après l'avoir fixé provisoirement sur le champ du métier au moyen de 3 ou 4 clous, de manière qu'il s'y applique dans tout le pourtour. On l'attachera ensuite sur lui-même, en dissimulant l'extrémité. Le deuxième tour et les deux suivants se font en liant le cordon et en l'attachant en même temps au tour précédent. Quatre tours suffisent pour avoir 11 à 12 centimètres de hauteur. En finissant, on a soin de faire disparaître l'extrémité par la diminution successive de l'épaisseur du rouleau.

Après avoir détaché la hausse, on y ajoute les deux rouleaux extérieurs.

On emploie un poinçon, afin de disposer les trous par lesquels les liens doivent passer; et, au moyen

d'un anneau ou d'une virole dans lequel on introduit
un des bouts de la paille, à mesure qu'il est nécessaire d'en ajouter, le rouleau a une épaisseur uniforme.

Le couvercle se commence par le haut; on attache
avec un clou l'extrémité du cordon de paille dans la
gorge de la poignée afin que celle-ci ne puisse pas
tourner. La forme convexe s'obtient en prenant la
précaution d'incliner successivement la direction du
poinçon à chacun des tours. Les premiers liens sont
attachés verticalement et les derniers dans le sens
opposé. A mesure que la confection avance on présente un grillage ou patron pour servir de direction.

En donnant la description des grillages, j'ai indiqué le moyen de les faire.

6° *Grillages.* — Dans une ruche, l'emploi de grillages remplace avantageusement les planches percées
de trous, précédemment employées par divers éducateurs. Ces séparations massives, objet des critiques
d'un grand nombre d'auteurs, ne doivent pas se rencontrer dans une ruche bien construite; elles nui-
sent aux communications et aux travaux des abeilles,
et occupent les meilleures places sans utilité pour ces
insectes; ceux-ci sont obligés de se séparer, tandis
que leur instinct est de ne former qu'un seul groupe;
composant une même famille, il ne leur faut qu'une
seule chambrée.

Le premier apiculteur qui a eu l'heureuse idée de
substituer à ces planchers quelques minces baguet-

tes est M. Radouan, auteur d'un manuel estimé. Au moyen de ce changement important et bien apprécié par M. de Frarière, il a pu perfectionner la ruche Lombard. Mais les grillages de sa ruche sont horizontaux. Placés dans une ruche à dessus rond, leur emploi n'a résolu qu'une difficulté ; nos grillages bombés triomphent des autres.

Avec le système horizontal, point de grillages bombés, point de ruche ronde pour l'éducateur qui veut marier ses essaims et renouveler les édifices, comme pour celui qui désire opérer avec facilité.

Les apiculteurs n'ont jamais envisagé comme un inconvénient les traverses croisées qu'ils placent dans la ruche ordinaire pour le maintien des édifices ; nos grillages ne sont autre chose que ces traverses avec une disposition différente.

§ 2. Propriétés et emploi de la ruche à hausses.

7° *Enlèvement du couvercle.* — On a vu que la partie convexe du couvercle s'applique sur le grillage de la hausse première ; par conséquent lorsqu'on enlève ce plafond après l'avoir soulevé en appuyant en même temps sur la ruche, il n'entraîne pas les édifices, ceux-ci se trouvent nécessairement maintenus par le premier grillage : cette propriété nouvelle devient la source de plusieurs avantages importants dans la pratique.

8° *Augmentation dans la partie supérieure.* — A la place du couvercle, on peut mettre une hausse vide

munie du même couvercle, ce qui augmente la ruche
en dessus.

9° *Réunion de plusieurs ruches.* — On peut rempla-
cer le plafond par une autre ruche débarrassée au
moins d'une hausse inférieure inutile, ce qui les réunit toutes deux avec les provisions de chacune ; car
le miel, toujours placé en haut, entre dans la réunion ; par le même procédé il est facile d'ajouter une
troisième ruche aux deux premières, soit en dessus,
soit en dessous. Après avoir supprimé toutes les
hausses inférieures provenant d'essaims, on doit les
conserver soigneusement ; elles ont une grande valeur pour les essaims tardifs ou secondaires en plaçant ceux-ci dans des ruches composées avec une
ou deux hausses de belle cire.

Pour réunir deux ruches, voici mon procédé : Une
heure environ avant le coucher du soleil, je supprime
toutes les hausses inférieures inutiles qui ne contiennent que de la cire, et je détache le couvercle de la
ruche destinée à être placée dessous, sans l'enlever
en ce moment. Quand la nuit arrive, j'ôte le couvercle
et je le remplace par la seconde ruche ; au même
moment je frappe avec la main quelques coups légers sur les deux ruches, pour mettre les abeilles en
bruissement, et l'opération est terminée.

Si ce sont deux essaims, j'ai soin de mettre le moins
pesant en dessous. S'il s'agit de deux ruches-mères
ou d'un essaim et d'une ruche-mère, ce n'est pas le
poids que je considère, mais seulement les nouveaux

édifices, pour toujours placer ceux-ci dans le haut.

Il y a des éducateurs qui, en mariant leurs ruches, enfument à outrance les abeilles, comme s'il s'agissait d'un renard dans son terrier ; d'autres se servent de miel pour engluer ; je considère ces moyens comme très-nuisibles. Peut-être est-il nécessaire d'y avoir recours avec des ruches incommodes dont il faut déplacer, tailler et rajuster non sans peine, et toujours très-imparfaitement, les rayons ; mais ils sont absolument inutiles avec les ruches dont nous nous servons.

Le prétendu massacre se réduit à la perte d'une douzaine d'abeilles ; ce nombre, le plus souvent, n'est pas même atteint. Deux populations dont les provisions sont mises en commun, se trouvent bien vite d'accord.

L'effet des réunions, sous le rapport de la conservation des abeilles, est tellement avantageux que j'ai eu très-souvent l'occasion de reconnaître que des ruches mariées à l'automne, en laissant intactes toutes les provisions de la plus forte, n'avaient pas même épuisé entièrement celles de la plus faible. Isolées, elles auraient été exposées à périr par la disette.

10° *Récolte du miel.* — S'agit-il de dépouiller la ruche, vous enlevez le couvercle, après avoir écarté les abeilles au moyen de la fumée pour faire descendre celles qui se trouvent dans le haut ; vous soulevez la hausse supérieure, et vous vous en emparez. La rupture des rayons a toujours lieu au-dessus du grillage de la seconde hausse, la plupart du temps sans adhérence d'édifices ; par conséquent vous pouvez replacer de suite le couvercle, et la ruche est récoltée. Lorsqu'il se trouve quelques portions de rayons qui dominent le grillage, vous les enlevez, avant de rétablir le couvercle.

Par la méthode que j'indiquerai ci-après, il est plus avantageux de ne pas supprimer les rayons qui peuvent rester au-dessus du second grillage.

11° *Conservation des abeilles et du couvain*. — C'est ici le cas de faire remarquer que par l'enlèvement de la hausse supérieure on ne peut jamais attaquer le couvain ; d'abord parce qu'au moment de la récolte, le couvain, s'il y en a dans la ruche, n'est pas déposé en cet endroit. On ne prend que des rayons pleins de miel ; ensuite parce que la hauteur de ces rayons n'excède pas 12 centimètres à partir du point le plus élevé ; le grillage bombé de la seconde hausse garantit le centre ; sans ce grillage on s'exposerait à plonger trop profondément, à nuire au couvain et même aux abeilles en leur ravissant tout-à-coup une trop forte quantité de miel. Dans cette dépouille, à laquelle on ne procède qu'autant que quatre hausses au moins sont entièrement pleines, on laisse aux abeilles un fond de réserve suffisant pour parer aux chances de l'avenir. Avant que de prendre la hausse, on a d'ailleurs la facilité de reconnaître si elle contient du couvain.

12° *Récolte de cire et renouvellement des édifices*. —

Le rajeunissement de la ruche a lieu périodiquement et d'une manière toujours assurée, quand bien même l'année ne serait pas favorable, en suivant le procédé ci-après qui consiste, comme pour toutes les ruches à hausses bien gouvernées, à toujours placer des hausses vides dans le haut et jamais en dessous.

Je suppose la ruche composée de quatre hausses après l'hiver ; à cette époque, je supprime toujours celle du bas qui ne contient que de la cire en mauvais état. Lorsque les abeilles commencent à travailler en cire, j'ajoute une hausse vide dans le haut ; si l'année est favorable, j'en ajoute encore une semblable quelque temps après lorsque la première est remplie ou à peu près. Après l'essaimage, je prends la hausse supérieure et je la remplace immédiatement par une hausse vide. Si au contraire l'année est peu fertile, je me garde bien de récolter la hausse supérieure placée au mois de mars, et d'en ajouter une seconde ; je la laisse jusqu'à ce que je puisse la récolter par le bas avec de la cire, quand elle aura passé successivement par tous les étages.

La méthode de placer des hausses vides en haut n'est pas nouvelle. Elle a été enseignée et pratiquée avec succès par divers apiculteurs, notamment par Warembey ; je la considère comme la meilleure, ou plutôt comme la seule admissible dans le système horizontal ; en voici les motifs :

On récolte constamment du miel de première qua-

lité, puisqu'il est placé dans les édifices les plus nouveaux.

On rajeunit, sans courir aucuns risques, les édifices, puisque chaque année les plus anciens rayons
disparaissent, après l'hiver, avec la hausse inférieure, tout en forçant les abeilles à construire des
édifices nouveaux dans le haut de la ruche.

La méthode opposée est sujette à une foule d'inconvénients très-graves.

A l'exception de la première fois, on ne récolte
que du miel placé dans de la cire noire, épaisse,
contenant du pollen, et ayant déjà servi plusieurs
fois au couvain.

Si toutes les années ne sont pas favorables, il arrive nécessairement que la même hausse reste dans
le centre, sans qu'on puisse ni la faire monter ni la
faire descendre ; le renouvellement des édifices n'a
pas lieu ; toute interruption dans cette opération
amène des mécomptes, et les teignes envahissent les
rayons.

Dans la taille qu'on est obligé de faire au bas de
toutes les ruches, c'est précisément la plus nouvelle
cire qui est supprimée, quand on a placé des hausses
dans le bas ; l'éducateur doit songer qu'en enlevant
un hectogramme de cire aux abeilles, il faudra à ces
insectes plus d'un kilogramme et demi de miel pour
reconstruire ; il perd 3 fr. pour avoir 50 centimes, et
toujours il nuit à la précocité et à la force des essaims. Autant il est indispensable de supprimer la

cire ancienne, autant il est nuisible d'enlever aux abeilles la cire nouvelle.

Si l'on fait monter la hausse inférieure, au lieu de la supprimer, les vers de teigne établis dans le bas des rayons y restent ; cela équivaut à enfermer les loups dans la bergerie.

Tous ces inconvénients sont réels avec les ruches à hausses, lorsqu'on ne suit pas la méthode que je viens d'indiquer ; ils expliquent l'indifférence des éducateurs pour l'emploi des ruches à divisions horizontales. Une ruche à hausses mal gouvernée produit moins qu'une ruche d'une seule pièce.

13° *Comment on nourrit les abeilles.* — L'ouverture pratiquée dans la poignée est de la plus grande utilité. Lorsqu'à la fin de l'hiver, les provisions des abeilles sont épuisées, et quand la population est affaiblie, quelques gouttes de miel versées à propos en haut de la ruche suffisent pour empêcher la colonie de périr ; je dis plus, il est impossible de perdre les abeilles si on a la précaution de leur présenter de la nourriture dans le haut de la ruche. Le moyen est bien simple et peu dispendieux, il consiste à substituer à la cheville de la poignée une boîte à provisions. Par ce procédé on ne dérange pas la ruche, on n'a pas à craindre le pillage, et les abeilles trouvent à leur portée un ravitaillement assuré. Voici la description de cette boîte. C'est un petit cylindre en fer-blanc, haut d'un décimètre environ sur 12 centimètres de diamètre avec un couvercle mobile. Dans le fonds, il y a un tube destiné à être introduit dans la poignée de la ruche. Son diamètre permet aux 'abeilles de pénétrer aisément dans le cylindre. Dans la partie supérieure, on place une double tringle circulaire ; elle est munie : 1° de trois ou quatre fils de fer croisés et disposés en forme de grillage concave, qui ne touche ni le contour ni le fonds du cylindre ; 2° d'un sac ou chausse en toile attaché en dedans du grillage avec un cordon ou une ficelle. Lorsqu'il est nécessaire de nourrir les abeilles, après avoir mis du miel dans la chausse, on ferme la boîte et on fait communiquer celle-ci avec l'intérieur de la ruche, au moyen du tube substitué au bouchon ou à la cheville de la poignée.

14° *Plus de pillages.* — Les signes de pillage sont toujours indiqués à l'éleveur qui veut observer. Si les abeilles d'une ruche ne rapportent pas de pollen dans la saison des travaux, notamment au mois de mars, lorsque les autres en recueillent, et trois semaines environ après la sortie des essaims, on peut prévoir d'avance que la ruche sera pillée ; pour éviter cet accident qui jette le désordre dans un rucher, il suffit de réunir à une autre la ruche menacée.

15° *Facilité de toutes les opérations.* — Soit qu'il s'agisse de récolter le miel ou la cire, soit qu'il faille augmenter la ruche ou la diminuer en opérant dans la partie supérieure ou dans la partie inférieure, soit enfin qu'on procède au rajeunissement ou au mélange, les opérations se réduisent à enlever le couvercle et à le replacer, à supprimer une ou plusieurs hausses ou à en ajouter. Elles n'offrent ni embarras ni complication : c'est ainsi que je comprends la culture des abeilles en employant le systême horizontal.

16° *Construction économique.* — Indépendamment des avantages qui résultent de toutes les dispositions, la ruche à hausses a encore le mérite de la construction facile et à bon marché. On peut la faire à peu près au même prix que celle ordinaire; car elle n'exige ni plus de paille ni plus de main-d'œuvre que si elle était d'une seule pièce. On ne doit pas considérer comme une augmentation de dépense quelques brins d'osier employés à la confection des grillages.

17° *Rajeunissement des vieilles ruches villageoises.* — Notre ruche à hausses, précisément parce qu'elle est cylindrique et qu'en même temps elle peut être facilement augmentée dans la partie supérieure, est très-utile pour rajeunir en une seule saison les anciennes ruches vulgaires. Voici le procédé, je l'ai employé toujours avec succès : Au mois de mars, il faut trancher la partie inférieure de la vieille ruche, en se servant d'un couteau si elle est en paille, et d'un sécateur si elle est en osier; la section se fait horizontalement à environ moitié de la hauteur. Après avoir enlevé la portion inférieure en la détachant des rayons, on taille ceux-ci de manière à en supprimer le plus qu'il est possible, sans toutefois toucher au miel ni au couvain. Le haut de la ruche étant renversé entre trois piquets, on place sur l'ouverture une hausse avec son couvercle, avec la précaution de ménager une ouverture entre les deux ruches, sur le devant, pour servir de sortie et d'entrée aux abeilles. On mastique la section si cela est nécessaire. Quand les abeilles ont prolongé suffisamment les rayons dans la hausse, ce qui peut se vérifier en enlevant le couvercle, on ajoute une nouvelle hausse en dessus, et même une troisième si l'année est favorable ; à l'automne on retire ce qui reste de la vieille ruche. Cette opération favorise l'assaimage naturel. Outre les essaims, on obtient toujours un excellent essaim prématuré qui a d'autant plus de valeur pour l'éducateur qu'il se trouve transvasé avec des constructions nouvelles dans une ruche qui offre tous les avantages ci-dessus énumérés.

CHAPITRE III.

§ 1er Système de ruches à divisions verticales.

18° *Direction des rayons*. — Lorsque nous plaçons un essaim dans l'une des ruches en usage, si celle-ci n'est pas préparée artificiellement nous ignorons et nous ignorerons toujours comment les abeilles, livrées à elles-mêmes, doivent orienter leurs constructions. Sans doute, la disposition des rayons au point de vue de leur extraction ou de la manipulation importe peu quand la ruche est d'une seule pièce ou quand elle se divise horizontalement, mais dans le système vertical, l'avenir de l'apiculture, il faut absolument obtenir des édifices symétriques, réguliers, parallèles dans des plans parallèles aux sections, autrement la ruche est mal construite : la ruche est très-mal construite si sa forme même ne détermine pas les mouches à bâtir constamment dans des plans connus d'avance.

« Les abeilles, a dit un célèbre naturaliste, ont été
» instruites par la nature à bâtir des gâteaux paral-
» lèles ; c'est une loi à laquelle elles ne dérogent ja-
» mais, à moins qu'on ne les y force par quelque
» disposition particulière. »

Non seulement les édifices sont parallèles, mais aussi leur disposition est perpendiculaire à l'horizon avec deux faces planes.

Le plafond de la ruche sert de base aux constructions ; les abeilles y recherchent les points d'appui en commençant au centre et à l'endroit le plus élevé ; celles de l'espèce la plus répandue donnent ordinairement une épaisseur de 26 à 27 millimètres à chacun de leurs rayons, en laissant entre eux un espace de 9 millimètres pour la circulation.

Aidé de ces principes, nous rechercherons la forme qui convient pour que les abeilles dirigent constamment leurs rayons, selon la volonté de l'apiculteur. La première question, ou plutôt la seule question qui se présentera, sera celle-ci : Quand on emploie des

ruches, soit à dessus plat, soit à dessus bombé , pourquoi nos insectes n'orientent-ils pas toujours leurs
rayons de la même manière, et édifient-ils irréguliè-
rement? Aucune difficulté n'existe dans sa solution.
Construire une ruche dans le système vertical sans
connaître les causes de la déviation et de l'irrégularité des rayons , c'est s'exposer à ce que le premier
venu ait le droit de vous dire : votre œuvre est dé-
testable. Pendant que vous tâtonnez, les abeilles
périssent. C'est tâtonner et empêcher les apiculteurs
de se comprendre quand on voit des ruches plates ,
carrées, triangulaires, inclinées, longues, hautes,
basses, pointues, biscornues, pyramidales, anguleuses, à soubresault, sans la raison à côté. Heureusement, plusieurs de ces formes étranges tendent à disparaître du domaine de l'apiculture , les autres
subiront le même sort car, aux inconvénients qui résultent de leur emploi, il faut joindre celui que nous
allons signaler. Elles ne favorisent pas l'instinct des
abeilles : plusieurs, par la bizarrerie de leurs dispositions anguleuses, troublent l'harmonie des constructions, et toutes se trouvent en opposition avec la
théorie.

On n'a pas encore soupçonné pour la direction
des rayons l'existence d'une théorie. Celle-ci est cependant bien simple, incontestable, aussi exacte que
la géométrie dont elle dérive. Les auteurs anciens et
les modernes ont cru que la forme n'avait pas la propriété de fixer la détermination des abeilles ; cette

erreur fatale a paralisé les progrès. Je vais protester contre elle avec des preuves irréfutables ; je protesterai avec les abeilles. Aussi ceux qui, sous l'influence de cette idée, ont proposé des ruches à sections verticales, devaient nécessairement échouer. Dans son illusion, celui-ci nous dit : Vous auriez tort de ne pas employer ma boîte à dessus incliné, car elle est excellente. Ma caisse carrée est la perfection même, dit celui-là : bon gré, malgré, il faudra toujours s'en servir parce que la forme ronde bombée, bien que meilleure, est d'une manipulation trop difficile ; et ainsi de suite.

Que la seule forme convenable, la théorie et les abeilles mettent fin aux controverses !

19° *Théorie de la direction des rayons et son application.* — De toutes les surfaces planes ou convexes employées pour le plafond des ruches connues, aucune n'a le mérite de décider les abeilles à orienter leurs gâteaux dans le même sens. Les apiculteurs savent cela. La mauvaise disposition des édifices provient de la forme du plafond. Pour démontrer que telle est la seule cause du défaut de direction des rayons, examinons les formes de ruches les plus usitées, en considérant d'abord seulement les points d'appui qu'elles offrent.

Un carré sert de toit ; il a 288 millimètres de côté, afin que les abeilles puissent construire huit rayons. Admettons qu'un millimètre carré représente chacun des points d'appui : Fixé dans le sens de la largeur, un rayon doit se trouver maintenu par 288 millimètres, fixé dans le sens opposé ; il a le même nombre de points d'appui. Ici, pourquoi nos insectes préfèreraient-ils une direction , quand les garanties pour la solidité des édifices sont les mêmes de part et d'autre. Qu'ils soient disposés du nord au midi , ou de l'est à l'ouest, les rayons égaux en longueur ont un support égal ! Qu'ils soient placés obliquement par rapport aux faces de la ruche, les plus petits rayons comme les plus grands ont chacun un nombre de points d'appui exactement proportionnés à leur étendue.

Si c'est un carré long , les deux dimensions, bien qu'inégales , présentent chacune la même valeur pour maintenir les constructions. Compris entre deux plans parallèles , le nombre de millimètres de la petite dimension se trouve en rapport avec le nombre de millimètres de la plus grande, quant à la longueur des rayons. En employant une surface plane , il est très-important de bien remarquer que les sections faites par des plans verticaux , sections qui figurent la direction des édifices, sont des lignes droites. Comme toutes les lignes droites se ressemblent , et comme le rapport entre deux lignes semblables sur lesquelles deux rayons sont fixés s'établit par la longueur même de ces rayons, l'une ne peut pas être préférable à l'autre.

Le cercle ou la base supérieure d'un cylindre produit les mêmes effets qu'un parallélogramme , parce que les surfaces de l'un et de l'autre sont planes.

Avec un plafond bombé, comme celui de la ruche villageoise, la cause d'une direction capricieuse est absolument la même que quand le toit a une disposition horizontale, car si on tranche verticalement par des plans un plafond demi-sphérique, les sections forment des demi-circonférences; courbe dans le sens de la longueur, courbe dans celui de la largeur, courbes semblables dans toutes les directions, l'une ne vaut-elle pas l'autre? Partout les points d'appui se trouvent aussi rapprochés, quelle que soit la disposition de l'architecture. Nos ouvrières ne peuvent faire aucun choix, elles n'en feront jamais. On préparerait en vain un plafond demi-sphérique, la forme s'oppose au succès.

Pour éviter les écueils, on doit conclure ainsi : Toute surface qui, tranchée dans deux sens opposés par divers plans verticaux, fournit des sections semblables, est par cela même impropre à servir de plafond à une ruche du système vertical; en la divisant 100 fois, on s'expose à rompre 100 fois les édifices.

Dans les ruches que nous examinons, la mauvaise direction des édifices provient non pas seulement de la similitude des sections mais également de celle qui résulte de la disposition du plafond par rapport aux plans verticaux; ces plans, en effet, en ne considérant que ceux qui passent par le centre, sont tous perpendiculaires à la surface; comme leur nombre est illimité, comme ils se dirigent dans tous les sens, les abeilles peuvent construire indifféremment dans toutes les directions. On doit donc se garder d'employer une surface qui se présente de la même manière à tous les plans verticaux.

Au point de vue de la régularité des constructions, les formes de ruches connues pèchent essentiellement. Subordonné à la disposition de la base des édifices dans des plans parallèles, le parallélisme doit être considéré comme une exception quand la direction primitive manque. Un dessus plat n'a pas même la propriété de décider nos ouvrières à déposer le premier bloc de leur maçonnerie sur un point fixé, ou sur une ligne déterminée dans un plan quelconque. Avec une surface plane, les points d'appui ne se trouvent pas assez multipliés ; aussi, pour rendre les édifices plus solides, les abeilles leur donnent une épaisseur démesurée, après avoir composé la base au moyen de plusieurs lignes brisées qu'elles relient ensuite. Si la ruche est disposée pour huit rayons, les abeilles doivent rencontrer seize angles droits. Quelle gêne pour ces laborieux insectes ! combien leur industrie est entravée ! Un plafond bombé fait face au centre, et l'axe de la voûte est disposé comme si tous les rayons devaient se diriger vers le centre. Il en résulte qu'excepté celle centrale, les autres sections parallèles se trouvent obliques par rapport à la superficie. Hormis le rayon du milieu, aucun des autres ne peut avoir une disposition perpendicnlaire à la convexité du plafond et des parois. Aussi, soit pour se soustraire aux difficultés d'une construction symétrique, soit pour bâtir selon les lois de l'équilibre, les abeilles prennent le parti de renoncer au parallélisme, ou de courber les rayons sur eux-mêmes, ou de les établir dans deux sens. Quelques auteurs ont pensé que ces irrégularités proviennent de la réunion de deux essaims dans la même ruche, parce que l'un aurait bâti dans un sens et l'autre dans une direction opposée, je les attribue simplement à la double convexité du plafond, parce que cette convexité est en opposition avec le parallélisme. La partie inférieure d'une ruche cylindrique est courbe, tandis que les faces des rayons sont planes; les dispositions de la ruche empêchent donc les abeilles de bâtir régulièrement. Comme les causes d'irrégularité dans cette ruche ne sont pas précisément les mêmes que dans la ruche à dessus plat, le caractère des déviations est différent dans chacune; ainsi, avec cette dernière, il y a liaison fréquente entre les rayons dans la partie supérieure, leur épaisseur est plus disproportionnée: les faces d'un rayon se trouvent très-rarement comprises entre deux plans parallèles, les gâteaux du centre ne sont pas plus réguliers que les autres. Avec la ruche à dessus bombé, bien que le rayon central soit ordinairement irréprochable, on remarque souvent que celui qui est à côté est plié sur lui-même en forme de fer à cheval, et qu'il est en même temps parallèle et perpendiculaire au premier, ou bien une partie des rayons tend vers le centre dans un sens opposé au rayon du milieu.

En comparant un plafond plat avec un plafond bombé, on voit que le premier fournit seulement des sections droites dont les longueurs relatives entre elles n'ont pas plus d'étendue que celle des rayons, et que le second ne procure que des sections courbes également relatives entre elles, mais dont le développement a une plus grande étendue que celle des constructions. La parité de coupes de l'un se reproduit dans l'autre sous une forme différente. Le premier, entièrement plat, n'a pas d'axe, soit horizontalement soit verticalement; il forme des angles vers tous les aspects avec les parois de la ruche, et aucun point n'est plus élevé que les autres. Le second, entièrement plat, a son axe vertical; aucun angle ne résulte de sa jonction avec la partie cylindrique et un seul point domine. Enfin les résultats sont négatifs parce que la superficie de celui-ci est convexe dans tous les sens, et parce que la superficie de celui-là est plane dans toute son étendue.

Mais si au lieu d'avoir une surface entièrement plane ou entièrement convexe, le plafond d'une ruche est tel qu'il participe à la fois de l'une et de l'autre, de manière que la convexité n'existe que vers deux côtés opposés; si ce même plafond est tel que sa coupe en longueur procure des lignes droites, et que celle en largeur fournisse des demi-circonférences je dis que dans une telle voûte nos admirables insectes ne seront jamais tentés d'établir leurs édifices sur des lignes droites n'offrant que des garanties imparfaites; tandis qu'ils trouvent à la convexité d'autres lignes assurant d'autant mieux la solidité des édifices, que les points d'appui y sont plus multipliés et plus rapprochés. Entre des lignes droites et des lignes courbes au même plafond dans des plans différents, le choix des abeilles ne peut rester douteux. Ici, par la seule forme du plafond, et parce que les édifices doivent être mieux assujettis à la voûte dans le sens convexe; ici, à cause de la convexité même qui flatte l'instinct des abeilles, la direction des gâteaux se trouve déterminée d'une manière invariable, le parallélisme est assuré.

Parmi toutes les surfaces, une seule jouit de la singulière propriété de pouvoir y tracer des lignes horizontales dans un sens, et des demi-circonférences verticales dans l'autre; une seule, et c'est la même, a le mérite d'être convexe, sans présenter aucun angle dans sa jonction avec des plans : c'est cette surface précieuse que nous avons choisie et adoptée pour le plafond de nos ruches.

Nous la trouvons dans tous les ruchers ; car c'est simplement une portion de la ruche ordinaire cylindrique disposée différemment, ou un demi-cylindre renversé sur son axe.

Démontrons d'abord géométriquement que les édifices seront mieux assujettis sur la convexité, nous établirons ensuite, par le même moyen, que leur disposition devra toujours être perpendiculaire à l'axe du demi-cylindre.

Avec un demi-cylindre de 288 millimètres de diamètre et dont l'axe a pareille longueur, les huit rayons parallèles à l'axe seraient assujettis seulement sur 2,304 millimètres ; tandis que, construits perpendiculairement à cet axe, ils sont fixés sur 3,617 millimètres ; ce qui forme une différence de 1,313 millimètres en faveur de la convexité, bien que les dimensions en longueur et en largeur soient égales. D'après le rapport de la demi-circonférence au diamètre, le développement de l'une des sections courbes est à la longueur d'une section droite comme 157 est à 100. Parce que l'étendue des lignes convexes excède d'un mètre 313 millimètres celles des lignes droites, il est bien évident que les rayons fixés sur les premières y doivent être infiniment mieux assujettis que sur les autres. La disproportion entre les deux chiffres 157 et 100, répétée pour chacun des rayons, a un caractère trop prononcé pour que les abeilles ne choisissent pas toujours, sans aucune hésitation, le plus élevé. De plus, la disposition des édifices ne peut jamais être oblique ; en voici les raisons :

1° Les plus longues sections ou celles qui présentent des points d'appui en plus grand nombre, comparativement à leur étendue, sont des demi-circonférences. Celles-ci se trouvent parallèles entre elles dans des plans perpendiculaires à l'axe du cylindre.

2° Les plans perpendiculaires à l'axe sont également perpendiculaires à la ligne la plus élevée du plafond et à la convexité.

5° Les plus courtes lignes qui se dirigent de l'axe ou des divers points de l'intérieur du demi-cylindre vers la convexité sont perpendiculaires à l'axe et à la surface et dans des plans parallèles.

Supposer des rayons obliques dans cette voûte, c'est supposer qu'ils ne doivent pas être verticaux, que les abeilles construisent de bas en haut sans parallélisme, qu'elles choisissent les sections les moins longues et des surfaces obliques de préférence aux autres ; c'est méconnaître cinq fois leur instinct et leur savante géométrie. Non-seulement les causes de déviation et d'irrégularité n'existent pas avec une voûte demi-cylindrique, mais encore tous les points de sa surface concourent simultanément au même but, celui d'imprimer aux édifices une direction immuable.

Notre théorie est entièrement sanctionnée par l'expérience. Dans un grand nombre de ruches établies sur cette base, tous les essaims sans exception ont suivi exactement la convexité du plafond dans des plans perpendiculaires à l'axe ; dans toutes les ruches la même symétrie s'est manifestée, le même parallélisme a été reproduit ; cependant ces ruches n'étaient pas préparées. Pour nous, point de sujétion ; il n'y a rien à surveiller, rien à redresser : toute déviation dans la voûte est impossible. Mettre des rayons régulateurs, c'est faire injure à l'intelligence de nos admirables ouvrières.

En voyant des édifices construits avec une régularité aussi merveilleuse, on reconnaît que la géométrie avec sa règle et son compas a passé par-là. En vain, l'on tournerait insensiblement ou tout-à-coup la ruche à droite ou à gauche; en vain, on changerait l'entrée ou l'on voudrait user de stratagême, l'instinct des abeilles l'emporterait.

Attaché à la forme même, l'artifice naturel que nous employons reste permanent : la direction des rayons ne dépend plus du hasard ou du caprice des abeilles, elle est soumise à une loi fixe. Aux éducateurs qui pourraient élever quelques doutes sur ce point, je répons : Vérifiez vous-mêmes, contrôlez, faites contrôler mes expériences, et bientôt vous aurez reconnu la disposition merveilleuse que je vous signale; et vous serez étonnés qu'après tant de recherches sur la forme des ruches, on n'ait pas songé plus tôt à employer la plus parfaite de toutes.

En se servant des premières ruches coupées verticalement, telles que celles dites à la Bosc, perfectionnées par Feburier, on était obligé, afin d'obtenir la régularité des édifices, d'attacher d'abord au plafond plusieurs portions de gâteaux appelés rayons régulateurs, et ensuite de surveiller continuellement les travaux des abeilles, pour redresser les fréquentes déviations que la forme anguleuse occasionne; certes, une pareille sujétion devait empêcher l'usage des ruches à sections perpendiculaires. Depuis et dans ces derniers temps, on a remplocé les rayons régulateurs par des saillies directrices. Des saillies de 30 millimètres déterminent, a-t-on dit, les abeilles à y suspendre leurs rayons; je crois ce moyen assez bon parce que, d'après notre théorie, il multiplie les points d'appui sur une même ligne; mais il n'est pas infaillible dans une ruche anguleuse, et encore moins dans celle de la forme ordinaire; il ne peut procurer que des demi-résultats. La preuve de son inefficacité, c'est que si on l'emploie dans notre ruche en sens inverse, les abeilles n'y ont pas égard, et la forme du plafond prévaut : cependant, s'il y a quelque signification avec la forme plate, à plus forte raison il convient dans le sens de la convexité pour un plafond demi-cylindrique; ce sera une garantie de plus, et en même temps un empêchement pour la disposition des rayons sur les lignes de division; mais, afin de ménager un espace précieux, les saillies pourront avoir une étendue infiniment moindre puisqu'elles sont inutiles quant à la direction.

Lorsque notre première ruche sera décrite, nous parlerons encore de la bonne direction des édifices; et l'on reconnaîtra que de la disposition unique du plafond il résulte encore d'autres garanties contre les déviations.

§ 2. Ruche à arcades composées.

20° *Sa description*. — Comme la précédente, elle est en paille de seigle; mais les cordons de paille, au lieu d'être placés horizontalement, sont disposés verticalement ; chacun d'eux par ses extrémités s'appuie sur le plancher de la ruche.

Sa forme, à laquelle la paille se prête parfaitement, est un demi-cylindrique renversé sur son axe pour la partie supérieure et un cube pour la partie inférieure ; résultant du mouvement simultané d'un demi-cercle et d'un carré, cette forme se rapproche essentiellement de la ruche villageoise car celle-ci, coupée verticalement, présente une section absolument semblable, c'est-à-dire un demi-cercle en haut et un rectangle en bas. On peut l'appeler ruche à arcades, car sa forme est celle d'une arcade.

Elle se compose d'un nombre illimité d'arcades, de huit ordinairement, toutes uniformes, appliquées l'une contre l'autre, et de deux volets mobiles aussi en paille. Une arcade a quatre rouleaux, dont deux internes et deux externes. L'un de ces derniers avance de son épaisseur, pour servir de recouvrement au rouleau interne de l'arcade voisine. Le volet antérieur est à recouvrement, celui du fonds entre dans le recouvrement de la dernière section. Tous deux, par les extrémités des cordons dont ils se composent, s'appuient sur le plancher de la ruche ; ils ont l'un et l'autre des surfaces planes intérieurement et extérieurement, excepté cependant la partie supérieure du volet antérieur. à cause du rouleau en saillie qui sert de recouvrement sur la première arcade.

L'ouverture pour la sortie et la rentrée aux abeilles est pratiquée au bas du rouleau central du volet antérieur, en rognant l'extrémité. Une seule entrée est suffisante.

Chaque arcade devra avoir 35 à 36 millimètres d'avant en arrière. L'espace entre les côtés latéraux sera de 28 centimètres; par conséquent, la voûte aura en hauteur moitié de cette dimension, c'est-à-dire 14 centimètres. On donnera 28 centimètres de hauteur aux côtés latéraux; la ruche aura donc à l'intérieur 42 centimètres de hauteur, mesure prise du point le plus élevé.

A chacune des arcades, afin de les maintenir uniformément, on fixera un petit châssis composé d'un brin de coudrier ou d'osier courbé, d'un centimètre environ d'anneau, d'une traverse en bois dur placée à la naissance du cercle, et de trois planchettes dont deux latérales et une inférieure. Le châssis sera attaché au milieu de la partie interne de l'arcade avec un lien d'osier sur quelques points.

La traverse aura 28 centimètres de longueur sur une épaisseur de 9 millimètres; la planchette inférieure aura la même épaisseur, sa largeur sera de 15 à 20 millimètres. On la disposera de champ; il en sera de même des planchettes latérales, on devra les placer de champ, en leur donnant 9 millimètres d'épaisseur sur environ 20 millimètres de large. Entre la planchette inférieure et le bas de la ruche, l'espace devra être au moins d'un centimètre.

Quand même on ne suivrait pas exactement de point en point toutes ces dimensions, il n'en résulterait pas d'inconvénient; cependant, il est indispensable d'observer celle de 35 à 36 millimètres, première indiquée, et l'on doit s'attacher à ce que non-seulement toutes les arcades de la même ruche soient uniformes, mais aussi à ce que toutes les ruches aient les mêmes dimensions en hauteur et en largeur.

Pour réunir toutes les parties, on fixera avec des clous à tête ronde, vers le milieu de la hauteur, à chacun des volets, une traverse extérieure et un montant d'environ 30 millimètres de largeur. Les extrémités supérieures du montant s'élèveront de 4 à 5 centimètres au-dessus de l'arcade. A ces extrémités, il y aura des mortaises de 2 centimètres avec un trou pour une pointe : au moyen d'une lame en bois de 2 centimètres, percée de plusieurs trous vers les bouts et placée dans les mortaises, on serre autant qu'il est nécessaire toutes les portions les unes contre les autres, et elles se trouvent maintenues dans cet état. Alors, elles présentent autant de solidité que si la ruche était d'une seule pièce. Les volets et les arcades ne faisant saillie ni à l'intérieur ni à l'extérieur, et ne formant aucun vide entre les sections, la ruche est d'une seule pièce en apparence ; il faut être prévenu pour reconnaître qu'elle se divise.

Vers le haut du montant de l'un des volets, on pratiquera une ouverture qui traversera la paille.

Cette ouverture sera fermée ordinairement avec un bouchon.

La ruche repose sur un plancher un peu plus long que large.

Bien que la ruche soit très-épaisse, puisqu'elle est composée de cordons doubles en-dessus et latéralement, on la garnit d'un surtout en paille qui se fait à peu près comme celui de la ruche ordinaire.

21° *Manière de faire la ruche à arcades.* — Comme pour la précédente, on doit se servir d'un plateau ou métier. Il est arrondi à un des bouts sur un rayon de 14 centimètres. Sa largeur est de 28 centimètres, sa longueur d'environ 40 centimètres, et son épaisseur de 2 à 3 centimètres.

Après avoir disposé un rouleau d'un mètre de longueur, lié avec de l'osier plat, et lui avoir donné, en l'entourant de son lien, à peu près la forme du métier, on le fixe provisoirement sur le champ du plateau avec quatre ou cinq pointes, en prenant la précaution de le bien appliquer sur les côtés latéraux et le contour circulaire du métier. A ce premier rouleau, on en ajoute un semblable pour former la profondeur d'une arcade. En employant une virole de 22 millimètres d'anneau, on obtient exactement 35 à 36 millimètres, lorsque les deux rouleaux se trouvent réunis.

Ceci fait, on détache l'arcade, et l'on fixe à celle-ci le petit châssis ci-dessus décrit; ensuite on ajoute les deux rouleaux extérieurs.

Pour faire un volet, le volet antérieur par exemple, c'est par le milieu qu'il faut commencer. Le premier rouleau long de 50 centimètres est plié au milieu et attaché sur lui-même ; à celui-ci et sur son champ, on en ajoute un second, en suivant le contour latéral et supérieur du premier, et ainsi de suite ; parvenue au huitième, la surface interne doit entrer dans le recouvrement d'une arcade. Le volet du fonds se fait de même avec un rouleau de plus pour les faces. Sur une des faces du dernier, on fixe le rouleau servant de recouvrement.

§ 3. Propriétés de la ruche à arcades.

22° *Construction facile et économique.* — La confection du corps de ruche avec ses volets n'exige pas sensiblement plus de main-d'œuvre que si elle était d'une seule pièce ; et il est certainement plus aisé de faire soit un volet, soit une arcade, qu'un plafond bombé. Parmi les matières employées pour la construction des ruches, aucune n'est moins chère que la paille, et peut-être aussi en même temps aucune n'est plus convenable.

Quelques bouts de lattes et de coudrier pour les châssis, deux bâtons pour les traverses des volets, constituent, avec une poignée d'osier et six kilogrammes de paille, toute la dépense à faire. Dans le système vertical, il serait difficile de construire plus économiquement une ruche divisible entre tous les rayons, à moins de couler dans un moule toutes les portions.

23° *Maximum de volume.* — On se rappelle les principes relatifs à la concentration du volume; examinons s'ils sont appliqués dans la ruche à arcades.

Si après avoir fait élever les quatre murs de votre maison, vous vouliez disposer le toit de telle sorte que la hauteur de la couverture étant moitié de sa largeur, l'ensemble de la construction procurât le plus d'espace possible, vous choisiriez la forme demi-cylindrique, car le cylindre est au cône ou à la pyramide comme 3 est à 1 ; à la sphère, comme 3 est à 2; et au prisme, comme 3,141 est à 2,000.

Pour la partie supérieure, la ruche à arcades, comparée à tout autre solide à dessus convexe ou incliné de même hauteur, largeur et profondeur, offre donc déjà un maximum de volume bien prononcé. Cette voûte peut contenir 15,000 cellules, tandis que la plus favorisée, après elle, n'en peut contenir que 8,200. Sa partie inférieure est un cube qui précisément aussi, si on le compare à tout autre solide de même dimension en largeur, hauteur et profondeur, se trouve fournir la plus grande capacité.

24° *Minimum de hauteur.* — De ce qui précède, il résulte qu'avec un volume égal à celui de tout autre solide à dessus convexe ou incliné, la ruche à arcades n'a pas besoin d'être aussi élevée; le centre où est le couvain se trouve donc plus à proximité du plafond pour recevoir la chaleur; c'est certainement à cette précieuse propriété qu'il faut attribuer et la force des essaims et la quantité de miel que les abeilles amassent dans cette ruche. Plus haute, elle n'offrirait pas les mêmes garanties pour la réussite du couvain, et l'on trouverait moins souvent l'occasion d'augmenter ou de diminuer sa capacité ; par conséquent elle serait moins productive et moins convenable pour renouveler les édifices.

25° *Parallélisme des édifices.* — On n'a pas oublié que la convexité du plafond imprime nécessairement une bonne direction aux rayons dans la partie voûtée, partie qui comprend un tiers de la hauteur ; quant aux deux autres tiers, voici les garanties : et d'abord, puisque les abeilles commencent bien, puisque c'est ordinairement de la disposition primitive que dépend la symétrie de tout l'ensemble, pourquoi ces insectes, dont l'instinct est de construire verticalement, ne continueraient-ils pas de même ? Il n'y a pas d'angles pour les détourner du droit chemin. Moins les édifices sont élevés, plus la garantie de leur parallélisme est assurée. Mais notre ruche avec les 28 centimètres de hauteur pour les côtés latéraux, a un minimum d'élévation ; les volets eux-mêmes avec leur surface plane perpendiculaire à l'axe du demi-cylindre guident les abeilles ; ils contribuent à maintenir la disposition symétrique des édifices dans les plans indiqués ; placés parallèlement à la direction, ils deviennent les auxiliaires du parallélisme, et lorsqu'on les ouvre on est toujours assuré de trouver que les gâteaux extrêmes y font face dans toute leur étendue.

26° *Conservation des abeilles.* — De la parfaite direction des édifices il résulte qu'aucune autre forme, pas même la forme bombée, n'est aussi favorable pour détourner les effets de l'humidité intérieure. Avec cette dernière remarquons qu'il n'y a absolument que les deux ou trois rayons centraux qui soient bien placés ; les autres, étant forcément établis sur le revers de la convexité, se trouvent plus ou moins atteints par les vapeurs. Aussi voit-on qu'une grande partie de ces rayons, les extrêmes principalement, sont presque toujours en mauvais état après l'hiver. Ici, tous les gâteaux, sans exception, étant disposés comme celui du centre de la ruche vulgaire, restent sains et exempts de moississure : les abeilles se conservent parfaitement et, quand arrive la saison des travaux, la nombreuse population recueille en abondance. Depuis quatre ans que j'emploie la forme demi-cylindrique, je n'ai pas encore éprouvé de pertes.

27° *Ses avantages.* — Les propriétés ci-dessus énumérées appartiennent exclusivement à la ruche à arcades, à cause de sa forme convexe ; c'est au surplus dans le système vertical la seule qui soit ronde en dessus, et la seule qui soit construite en paille ; en outre, elle réunit les avantages suivants, aussi nombreux que ceux de toutes les ruches connues. Avec elle on peut :

1° Prendre le miel et la cire, et faire plusieurs récoltes dans la même année, sans détruire ni couvain ni abeilles.

2° Enlever un ou plusieurs rayons, et tous successivement sans rupture et sans occasionner de désordre.

3° Visiter tous les rayons sur les deux faces, enlever les portions défectueuses et les plus anciennes, afin de rajeunir perpétuellement les édifices.

4° Augmenter ou diminuer à volonté la capacité.

5° Etablir entre les édifices ou dans le prolongement en avant ou en arrière l'espace nécessaire pour des constructions nouvelles.

6° Changer de place ou de ruche chacun des rayons; opérer les mutations désirables, afin de fortifier les colonies qui se trouvent faibles en population ou en provisions.

7° Réunir une ou plusieurs ruches.

8° Prendre du couvain royal.

9° Former des essaims artificiels.

10° Empêcher l'essaimage naturel.

11° S'emparer des reines infécondes ou viciées.

12° Détruire les vers de teigne.

13° Présenter de la nourriture aux abeilles dans l'endroit qui leur convient.

14° Faire voyager les abeilles avec autant de sécurité que si la ruche était d'une seule pièce.

28° *Abondance de miel.* — La forme convexe convient parfaitement aux abeilles; soit parce que ces laborieux insectes saisissent de suite le plan d'ensemble pour orienter tous leurs gâteaux, soit parce qu'il ne se trouve pas d'angles, ils entreprennent si-

multanément tous les rayons, et leur étonnante activité peut s'exercer sur une infinité de points à la
fois ; la voûte est remplie de rayons , souvent dès le
lendemain de l'installation d'un essaim ; et huit jours
suffisent , si le temps est favorable , pour remplir la
ruche entièrement , tant la rapidité du travail est
prodigieuse !

La supériorité de la forme demi-cylindrique m'a
été démontrée dès la première année que je l'ai em-
ployée. En 1853, j'avais recueilli quatre essaims seulement dans des ruches de cette forme , et neuf autres dans des ruches à dessus incliné. Les conditions
de position , de force primitive , et de précocité , se
trouvaient autant que possible égales de part et
d'autre. En pesant mes ruches à l'automne , et en
comparant le poids de chacune, celles à arcades
l'emportaient d'une manière tellement prononcée
que la moins pesante de celles-ci était aussi forte que
la meilleure des neuf autres.

C'est principalement pendant l'été de l'année 1855,
année remarquable par sa fertilité , que j'ai pu ap-
précier jusqu'à quel point la forme convexe contri-
bue à l'abondance des récoltes; aucune ne m'a pro-
curé des résultats plus satisfaisants.

29° *Disposition des volets.* — Les rayons de notre
ruche font face aux parois antérieure et postérieure;
j'ai toujours pensé, avec la plupart des éducateurs,
que cette disposition était préférable à celle opposée,
bien que mes essais comparatifs sur ce point ne

soient pas encore assez positifs, pour que je puisse me prononcer quant à l'influence que l'une ou l'autre exerce sur la quantité de miel amassé. Toujours est-il que la première permet d'en récolter davantage, et avec plus de facilité.

En effet, l'instinct des abeilles est d'accumuler leurs provisions au fond de la ruche dans l'endroit le plus éloigné de l'entrée, soit parce qu'elles les trouvent là plus en sûreté qu'ailleurs, soit parce que la reine y dépose plus rarement ses œufs. Or, le rayon du fond dans la ruche à arcades est voisin de la paroi mobile ; il en résulte qu'on trouve l'occasion, souvent répétée, de s'emparer de ce rayon entier, sans être obligé de fouiller les autres parties de la ruche.

Dans le sens opposé, tous les rayons ont un côté latéral tourné vers le fond ; aussi le miel, au lieu d'être accumulé sur un point, se trouve disséminé dans tous ; il faut tailler et rogner lors de la récolte.

Je n'admets donc la disposition latérale des sections que quand on ne peut pas faire autrement, comme avec les ruches de Gelieu ou de Feburier, ou avec celles qui ont un dessus incliné d'un seul côté ; et d'ailleurs, en ouvrant les volets, soit devant, soit derrière, il est plus commode d'opérer que quand on est gêné latéralement par les ruches voisines.

Je n'admets pas plus d'une entrée. Lorsqu'il s'en

trouve plusieurs, les abeilles n'ont aucune préférence pour déposer leur miel dans un endroit plutôt
que dans un autre ; et l'on est exposé, lors des récoltes, à trouver du couvain dans tous les rayons in-
distinctement.

50° *Emploi de la ruche à arcades.* — Les apiculteurs, qui ne font pas usage de ruches à sections perpendiculaires, s'imaginent que celles-ci exigent une
adresse consommée ; ils croient qu'avec elles il est
plus difficile de gouverner les abeilles. Ces erreurs,
jointes à d'autres, retarderont encore longtemps
l'accomplissement des réformes. Avec notre ruche,
toutes les opérations se réduisent à enlever et à replacer les volets, à ajouter ou à enlever des arcades;
certes, il n'y a là ni complication ni difficulté. Depuis
la méthode qui consiste à récolter au moyen du
transvasement ou de la taille, jusqu'à celle qui indique qu'on doit faire plusieurs récoltes successives
par le rajeunissement continuel des édifices, toutes
peuvent être employées, je ne dis pas indifféremment, mais avec la plus grande facilité.

En effet, rien ne s'oppose au transvasement. Sans
doute ce serait mal, puisque les dispositions de la
ruche permettent d'opérer autrement. Après avoir
transvasé les abeilles, au lieu de les exposer à périr
en les plaçant dans un logement vide, ne pourrait-
on pas leur rendre au moins un ou deux de leurs
rayons ? Pour les tailler, ce qui est un talent bien
rare, n'est-il pas plus aisé de pratiquer cette diffi-

cultueuse opération quand deux parois faisant face
aux rayons sont supprimées que lorsqu'elles sont fixes?

31° *Comment on ouvre la ruche*. — Après avoir ôté
les chevilles extérieures, d'une main on appuie sur
l'arcade voisine du volet qu'il s'agit de retirer, de
l'autre on saisit le haut du montant et l'on écarte
peu à peu le volet de manière à éviter la secousse
au moment de la séparation ; on l'enlève ensuite et
on le dépose sur le sol, la face externe en dessous,
afin de ne pas écraser les abeilles qui sont sur la face
opposée.

Quelque nombreuse que soit la population, quelle
que soit son énergie, la tranquillité des abeilles est
un fait remarquable : celles-ci se fâchent si peu de
cette visite qu'il est souvent inutile d'avoir recours à
la fumée. Cependant, par prudence, il est bon de se
munir de l'enfumoir et de se garantir le visage ; mais
ces précautions deviennent superflues la plupart du
temps avec un peu d'habitude. En s'abstenant de tout
mouvement brusque, en ayant soin d'avoir des vête-
ments d'une couleur autre que le noir et le bleu, les
abeilles ne cherchent pas à nuire. J'ai souvent ouvert dix ruches de suite, j'ai souvent fait plusieurs
récoltes sans avoir reçu une seule piqûre.

Le moment opportun pour visiter l'intérieur du
logement des abeilles est depuis neuf heures du
matin jusqu'à quatre heures du soir, quand le soleil
brille de tout son éclat. Les temps pluvieux et ora-
geux ne conviennent pas.

Il y a des apiculteurs qui , dans le but de rendre leurs abeilles traitables, les asphyxient en se servant d'éther, de lycoperdon, de chloroforme, etc, etc. L'emploi de ces moyens devrait être interdit; si la culture des abeilles exigeait d'y avoir recours , elle serait abandonnée forcément, car bientôt il n'y aurait plus de mouches; personne n'oserait acheter du miel qui aurait été mis en contact avec des substances empestées.

Par la méthode ancienne, j'ai la satisfaction de n'avoir pas fait périr une seule abeille , les travaux ne sont pas interrompus , et quand je renouvelle les opérations , les abeilles paraissent s'y être tellement habituées qu'elles ne manifestent aucune colère.

32° *Comment on la ferme*. — Avec les barbes d'une plume on commence par écarter les abeilles placées sur les points où le volet doit s'appliquer ; si ce moyen est insuffisant, on force les abeilles à se réfugier ailleurs en leur envoyant de la fumée. Ces précautions sont nécessaires, autrement on s'exposerait à écraser des abeilles ; lorsque ces insectes sont éloignés, on profite de ce moment pour replacer le volet.

33° *Ajouter des arcades*. — Après avoir ouvert la ruche sur le devant , à la place du volet on met une arcade vide et à celle-ci l'on ajoute le volet. Cette opération se renouvelle au printemps et en été aussi souvent qu'elle est nécessaire ; elle stimule l'activité des abeilles. Si la saison est favorable et quand la population est nombreuse, il faut à peine deux jours aux abeilles pour remplir une section. Afin d'éviter toute complication, je ne place des arcades que sur le devant, bien que la disposition de la ruche permette de les mettre partout ailleurs. C'est aussi en cet endroit que je place celles qui contiennent de la belle cire provenant des ruches mariées et conservées à cet effet.

34° *Récolte du miel et de la cire.* — Douze ou quinze jours après l'essaimage on ouvre la ruche devant et derrière. A cette époque, il est rare qu'elle contienne du couvain et il est encore plus rare qu'il s'en trouve dans les rayons du fond. Quand même la ruche n'aurait pas jeté d'essaim, si celle-ci est suffisamment pesante, le gâteau du fond est ordinairement plein de miel; il pèse 4 à 5 kilogrammes. On sépare donc l'arcade du fond en se servant d'un coin ou d'un ciseau passé entre les rouleaux extérieurs et l'on s'en empare après avoir, avec les barbes d'une plume, fait tomber les abeilles sur le plancher. Si l'état et le poids de la ruche le permettent, la seconde arcade est également enlevée. Il faut être modéré, il vaut mieux attendre pour le surplus et pouvoir recommencer quelques jours plus tard.

Plusieurs cas peuvent se présenter. S'il y a du couvain d'abeilles avec de la cire noire et épaisse, on doit s'abstenir de prendre soit le miel soit l'arcade en ce moment.

S'il y a du couvain avec de la belle cire, après

avoir enlevé seulement la portion où se trouve le miel, on replace l'arcade sur le devant. Quand même il n'y aurait pas de couvain, lorsque la cire où il n'y a pas de miel est nouvelle, l'arcade doit être replacée en avant après la séparation du miel.

Lorsque la saison et la contrée sont favorables, on peut répéter une récolte de miel plusieurs fois en plus ou moins grande quantité, en laissant environ huit jours d'intervalle entre chacune des récoltes, avec le soin de placer des arcades vides suivant la population et de toujours laisser aux abeilles une réserve suffisante.

Dans les pays fertiles et dans les années favorables il y a toujours plusieurs essaims, principalement ceux arrivés en mai, qui, un mois environ après leur installation, se trouvent en état d'être récoltés ; on doit en profiter ; le miel est si beau ! Il faut alors leur enlever d'abord une ou deux sections du fond et renouveler une semblable récolte pendant la bonne saison, toutes les fois que l'occasion est favorable. Dans cette dépouille, il y a lieu d'être plus réservé que pour les ruches-mères, par la raison que les édifices n'ont pas besoin d'être rajeunis.

A la fin de l'hiver, lorsque les abeilles commencent leurs travaux, on ouvre la ruche devant et derrière, on la sépare même en deux ou en plusieurs parties, si cela est nécessaire, pour visiter tous les rayons et l'on récolte toute la cire en mauvais état.

35° *Réunion des ruches faibles.* — Lorsqu'une ru-

che, à l'automne, ne pèse pas au moins 9 kilogrammes
en sus de la tare, dans la crainte de la perdre pendant l'hiver je la marie à une autre. Pour cela je
supprime à l'une et à l'autre toutes les arcades qui
ne renferment ni miel ni couvain, et je réduis chacune à 3, 4 ou 5 arcades suivant les cas. Une heure
après le coucher du soleil, après avoir enlevé le
volet du fond à l'une, et celui du devant à l'autre,
j'applique les sections l'une contre l'autre ; et, après
avoir frappé avec la main quelques coups légers pour
occasionner le bruissement nécessaire, la réunion est
opérée. A la fin de l'hiver, lorsqu'une peuplade a
perdu sa reine, il est indispensable de procéder à la
réunion. Par ce moyen on évite le pillage. J'ai indiqué précédemment comment il était toujours facile
de s'apercevoir de la perte de la reine.

Les arcades de belle cire, principalement celles
qui proviennent des essaims, doivent être conservées ;
on les donne l'année suivante aux essaims secondaires ou tardifs ; ceux-ci, par ce moyen, prospèrent
avec plus de certitude.

La disposition des volets permet de réunir plus
avantageusement deux ruches que s'ils étaient placés
latéralement ; car, lorsqu'il ne se trouve pas de couvain, on choisit les rayons qui contiennent la plus
grande quantité de miel pour les faire entrer dans
la réunion : ce sont ordinairement ceux du fond,
comme nous l'avons fait remarquer.

36° *Comment on nourrit les abeilles.* — Lorsqu'elles

3.

ne sont pas suffisamment approvisionnées à l'automne, la meilleure manière de pourvoir à leur nourriture c'est de leur donner une arcade de miel prise sur une autre ruche ou conservée à cette intention lors de la récolte. Une colonie riche vient ainsi au secours de celle qui est pauvre. Un rayon enlevé à la première ne compromet pas son sort et suffit aux besoins de l'autre ; au commencement du printemps, au lieu d'un rayon entier, on n'en donne qu'une portion ; si l'on n'a pas de miel en couteau, alors on a recours à la boîte au miel autre moyen bien efficace. Le conduit de celle-ci est placé latéralement entre le fond inférieur et le grillage, et non pas dans le fond comme nous l'avons indiqué pour la ruche à sections horizontales. A l'automne, cette même boîte sert aussi à approvisionner les ruches dont le poids n'est pas rassurant.

Lorsque les abeilles n'enlèvent pas promptement le miel qu'on leur présente, c'est un signe de désorganisation ; la ruche périt pendant l'hiver, ou émigre ou est pillée au printemps. Persister à nourrir une peuplade désorganisée, c'est une dépense inutile. Il n'y a qu'un parti à prendre, c'est celui de marier la ruche à une autre.

37° *Rajeunissement des édifices.* — Si comme l'ont dit plusieurs auteurs qui ne se sont pas occupés de la forme, le degré de perfection d'une ruche se mesure sur la facilité qu'elle présente pour le renouvellement des édifices, celle à arcades peut subir, sur ce point comme sur tous les autres, l'examen le plus sévère. Avec elle on peut opérer non pas seulement sur un rayon entier, mais sur une partie de ce rayon dans le haut ou dans le bas ; on peut supprimer tel rayon ou telle partie de rayon qu'on désire, puisque la disposition de la ruche permet la séparation de tous.

En ayant soin , en temps opportun , de placer des arcades vides sur le devant et de supprimer celles du fond, les édifices se renouvellent d'une manière si rapide que ceux du centre ne peuvent jamais avoir plus de deux ans ; il est donc très-rare qu'on soit obligé de séparer d'autres arcades que celles du fond. C'est en s'emparant de celles-ci, lors de la récolte, que les plus anciens rayons disparaissent ; c'est en ajoutant des arcades vides qu'on obtient de nouveaux rayons.

Il n'y a pas de règle absolue soit pour placer des arcades vides, soit pour en enlever d'autres; chacun peut gouverner la ruche à sa méthode, de la manière qui lui convient. Ce serait une erreur de penser que, parce que la ruche se divise, on se trouve obligé de faire toutes les opérations que sa disposition comporte.

38° *Essaims tardifs.* — Un essaim tardif ou secondaire prospère rarement. Doubler ou tripler sa population par les mélanges, comme on le fait ordinairement, c'est un moyen bien simple et dont l'emploi ne doit pas être négligé , quelle que soit la ruche dont on se sert ; mais quand, après l'essaimage, la contrée ne fournit pas de fleurs abondantes et si l'année n'est pas favorable, il arrive que cet essaim ne prospère pas. Sa perte est d'autant plus sensible qu'il représente plusieurs colonies et qu'il a été obtenu au détriment d'autres populations. Avec notre ruche, cet accident est facile à écarter. On y place l'essaim lorsqu'elle a été organisée, en se servant de quelques arcades provenant des mères-ruches sans couvain royal. Pendant que l'essaim se groupe, on peut disposer son nouveau logement et l'y recueillir ; ou bien, après l'avoir placé dans une ruche provisoire, renverser celle-ci, l'ouverture en haut, pour poser sur cette ouverture la ruche à arcades préparée comme nous venons de l'indiquer. C'est dans cette circonstance que les arcades de belle cire, conservées lors des réunions, deviennent très-précieuses. Un essaim tardif, ainsi traité, est bientôt si non aussi fort que les autres, du moins en bonne voie pour réussir.

39° *Essaims artificiels.* — Bien que la ruche à arcades par sa divisibilité entre tous les rayons permette de former artificiellement des essaims et qu'elle paraisse même faite exprès pour ce genre d'opération, dans le doute du succès je n'ai pas encore été tenté de l'entreprendre ; comme M. Fremiet je m'en tiens aux essaims naturels, parce que ceux-ci sont préférables aux autres.

Pour obtenir des essaims naturels hâtifs et nombreux, aussitôt que mes abeilles commencent à sortir, vers la fin de février, je leur donne de la farine de seigle que j'étends au soleil soit devant les ruches, soit sur des planches bien sèches près du rucher, en avant soin de leur en fournir jusqu'à ce que les fleurs deviennent abondantes. Un kilogramme ou deux suffisent pour chaque peuplade. Cela tient lieu de pollen dans un moment où les abeilles en recherchent inutilement ailleurs pour la nourriture du couvain ; aussi elles s'en emparent avec un empressement qui fait plaisir à voir. En employant ce moyen que je ne trouve indiqué dans aucun livre, on est certain d'avoir des essaims naturels en grand nombre, et l'on ne songe plus aux essaims artificiels ou forcés.

§ 4. Ruche à arcade simple.

40° Sa description. — Je prévois un reproche que quelques apiculteurs ne manqueront pas de faire, en examinant la ruche que nous avons décrite ; ils trouveront, quoique les arcades soient semblables, qu'elle est trop compliquée, qu'il y a trop de divisions, qu'elle serait plus commode à faire sans la diviser en sections. Si nous l'avions présentée de cette dernière manière, ou même avec une section dans le milieu, d'autres auraient reconnu que le nombre de ses avantages était trop restreint. Comme il n'est pas possible que la même disposition réponde en même temps à des exigences si opposées, après avoir atteint le but le plus difficile, nous allons de suite donner toute satisfaction à ceux qui sont partisans de la simplicité. Qui peut plus, peut moins; voici donc une ruche à une seule arcade représentée par la figure 16.

Sa forme est la même que la précédente avec pareilles dimensions en largeur et hauteur; sa profondeur pour huit rayons est de 288 millimètres. Les volets sont mobiles et semblables à ceux de la ruche à arcades composées; l'un est à recouvrement, l'autre s'applique contre le dernier rouleau interne de l'arcade, et entre dans le recouvrement de celle-ci.

Le corps de ruche est composé de cordons de paille simples, excepté le dernier rouleau qui est double pour faire saillie, et servir à y joindre celui qui avance pour le recouvrement.

A la naissance de la voûte, il y a un étage de huit traverses de 7 à 8 millimètres d'épaisseur, espacées l'une de l'autre de 36 millimètres; dans sa partie inférieure, il y a une autre rangée de planchettes placées de champ, d'une épaisseur de 8 millimètres environ, sur une largeur de 25 millimètres, dans les mêmes plans que ceux des traverses.

Son plancher sera entaillé comme celui de la ruche à hausses; ou bien il y aura une ouverture au bas de chacun des volets, l'une ouverte et l'autre fermée, afin que la ruche étant tournée le devant derrière, l'entrée des abeilles se trouve en avant.

Dans la partie supérieure du corps de ruche on fait un trou qui est habituellement fermé avec un bouchon; cette ouverture sert à placer le tube de la boîte aux provisions lorsqu'il faut nourrir les abeilles.

Les châssis étant inutiles sont supprimés, il en est de même de la traverse et du montant des volets.

Pour réunir les volets au corps de ruche on se sert de quelques fiches en bois ou en fil de fer.

Pour faire cette ruche on se servira d'un métier double, par conséquent on confectionnera simultanément deux arcades ; c'est même le seul moyen de bien réussir sans crainte de voir les cordons de paille se déjeter plus d'un côté que de l'autre. On fixera les planchettes aux côtés latéraux de manière que ces côtés se trouvent maintenus et ne tendent pas à s'écarter.

Cette ruche coûte environ un tiers de moins que la ruche ordinaire d'une seule pièce ; elle possède absolument les mêmes propriétés que celle à arcades composées quant à la direction parfaite des édifices, à la conservation des abeilles, etc., etc., mais on comprend que, par sa trop grande simplicité, plusieurs avantages sous le rapport de la manipulation se trouvent réduits ; cependant elle réunit les plus essentiels, car on peut la récolter et en renouveler les édifices très-facilement. Tous les rayons sont accessibles non pas seulement dans la partie inférieure comme dans la partie supérieure, mais encore en avant ou en arrière.

41° *Rajeunissement des édifices.* — Pour récolter la cire, à la fin de l'hiver, j'ouvre les deux volets, et je supprime dans le bas des rayons toutes les portions qui me paraissent plus nuisibles qu'utiles, sans toucher au miel ni au couvain. Plus la cire est noire et épaisse, plus je m'attache à en enlever. A l'automne, je fais une seconde récolte de cire, mais moins abondante que la première. Pour celle du miel, après avoir retiré le volet du fond, je prends la partie supérieure des quatre rayons les plus rapprochés de ce volet. (Par la partie supérieure il faut entendre celle qui est comprise entre le plafond et les traverses.) S'il y a du couvain, ce qui est très-rare après l'essaimage, je le replace dans la partie inférieure du premier rayon que je taille à cet effet. Le volet étant remis, je change l'aspect de la ruche en faisant faire à celle-ci un demi-tour, et je ferme alors une entrée pour ouvrir l'autre. A la récolte suivante, j'opère de même sur les quatre autres rayons. Tant que la portion du bas ne contient que de la belle cire, c'est constamment dans le haut que je prends le miel. Si à la fin de l'hiver, soit à cause du couvain, soit pour tout autre motif de conservation, je n'ai pu supprimer les anciens édifices inférieurs, et quand ceux-ci commencent à vieillir, je cesse de prendre le miel dans le haut pendant l'été; et au moment des récoltes de miel, je fais disparaître la portion inférieure des huit rayons à deux reprises diverses, avec la précaution de replacer le couvain près des volets.

Au moyen de ces récoltes successives et abondantes, le rajeunissement des édifices a lieu indéfiniment, et l'activité des abeilles est avantageusement entretenue, sans nuire à ces insectes ; car on leur laisse toujours d'amples provisions.

Si la ruche à arcade simple remplaçait d'abord provisoirement la ruche villageoise, l'industrie abeillère changerait rapidement d'aspect et, dans un avenir peu éloigné, il serait permis d'espérer de voir adopter le système plus perfectionné faisant l'objet du chapitre suivant.

CHAPITRE IV.

§ 1ᵉʳ, Système de ruches à châssis verticaux.

42° *Nécessité d'employer la forme demi-cylindrique.* — C'est en 1847 qu'un éducateur distingué, auteur du *Guide de l'Apiculteur*, M. Debeauvoys, a inventé ce nouveau système qui, au point de vue de la manipulation et des avantages qu'il réunit, mérite d'être accueilli favorablement. « C'est le seul système naturel et rationel, a dit le rapporteur de la commission de la Société impériale d'agriculture de Paris, lorsque le livre de M. Debeauvoys lui a été présenté. »

Voici en quoi il consiste : Les parois de la ruche forment une boîte à peu près carrée, dont le dessus est mobile avec des divisions parallèles en nombre égal à celui des rayons ; à chacune d'elles, nommées listeaux, M. Debeauvoys a suspendu un petit châssis

en forme de parrallèlogramme dont les bords latéraux ne touchent pas la boîte. Une porte mobile,
placée latéralement entre les faces antérieure et
postérieure, permet d'augmenter ou de diminuer
le nombre des sections. Cette adroite combinaison
est un progrès réel dont les apiculteurs reconnais-
sent l'importance. Depuis 1847, la ruche de M. Debeauvoys a déjà subi entre ses mains plusieurs mo-
difications qui tendent à la perfectionner. Il a pu la
débarrasser de plusieurs rouages inutiles, tels que
les planchers à claire-voie. Dans l'origine, les planchettes des châssis étaient placées de plat, maintenant
elles sont disposées de champ ; ce changement, qui a
imprimé une meilleure direction aux édifices, a de
la valeur. Dans le principe la face postérieure, plus
élevée que celle opposée, procurait une pente de 10
centimètres ; cette pente, sur une longueur de 33
centimètres, inutile par son insuffisance et considérée
comme une cause d'embarras, ne pouvant être
rendue plus forte, a été supprimée. Cette dernière
modification n'est pas aussi heureuse que les autres.

Ainsi, après avoir reconnu d'abord, avec Bosc et
Feburier, que l'inclinaison de la partie supérieure
était indispensable pour l'écoulement des vapeurs en
dehors des rayons ; après avoir déclaré, avec la Société
d'agriculture de Paris, que sa ruche était construite
suivant les principes de ces auteurs renommés,
M. Debeauvoys, en remettant tout en question, sacrifie
ces principes et enlève la seule apparence de garantie

qui résultait de la disposition primitive. A un dessus gênant, à un dessus défectueux, parce que la pente n'était pas assez prononcée, il substitue un plafond plat qui laisse subsister toutes les critiques dont cette forme vicieuse a été l'objet. Il est vrai que cet apiculteur, dans la dernière édition corrigée de son manuel, indique un expédient pour remédier à l'inconvénient de la forme plate ; malheureusement ce procédé demeure sans effet, et devient absolument impraticable. Il consisterait à placer la ruche hors d'aplomb sur quatre pieux avec une différence de 10 centimètres dans la hauteur de deux d'entr'eux. Or ce moyen est insuffisant. Cette pente, il est vrai, fait écouler les eaux du siège ; mais celles du plafond qui sont les plus funestes et qui, précisément parce qu'elles sont suspendues ne peuvent s'écouler vers la paroi antérieure qu'au moyen d'une inclinaison de 45 degrés, retombent nécessairement sur les rayons.

Si nombreux que soient les avantages d'une combinaison, leur réunion ne compense pas celui qui résulte d'une forme convenable. Le système à chassis verticaux est sans doute le plus parfait, mais on doit reconnaître qu'appliqué à une forme réprouvée, inconciable avec la théorie, il perd pour ainsi dire la plus grande partie de sa valeur.

Supposons que sur deux côtés latéraux de la ruche de M. Debauvoys, après avoir diminué ceux-ci de hauteur, on place le plafond demi-cylindrique de la ruche à arcades précédemment décrite, en y suspendant des châssis verticaux, certes il n'y a là aucun inconvénient; bien loin d'être indifférente, une pareille substitution acquiert un intérêt réel, d'une part, à cause des remarquables propriétés qui résultent exclusivement de la convexité et, de l'autre, à cause des inconvénients d'un toit horizontal. En effet, en laissant subsister tous les avantages attachés au nouveau système, le volume de la ruche est formé avec une superficie moindre, les 18 angles droits, si inutiles et en même temps si nuisibles, se trouvent supprimés, la bonne direction des édifices devient infaillible, le bien-être des abeilles est assuré, une ruche défectueuse au premier degré se trouve changée en une autre dont le mérite de la forme est incontestable, et l'on obtient, je le déclare parce que j'en ai fait l'expérience, des produits autrement significatifs soit en essaims soit en miel.

Nous appelons de toutes nos forces l'attention des éducateurs et principalement celle de M. Debeauvoys lui-même sur cette modification que la nécessité commande. Des avantages nouveaux, des faits irrécusables réclament des dispositions nouvelles. Il faut, sans regret comme sans miséricorde, bannir la forme plate et la forme anguleuse.

Comment est-il possible, va-t-on dire, à moins de perte de bois et de la multiplication de main-d'œuvre, d'employer la forme cylindrique? Cette objection, que nous attendions, perd toute sa valeur au moyen de la coupe toute simple que nous donnons aux pièces du plafond. D'abord il faut moins de bois pour une ruche à plafond rond que pour celle à dessus plat, puique la superficie de la première est moindre d'en-viron 40 centimètres ; ensuite elle n'exige pas 20 mi-nutes de plus pour sa confection. Quand il s'agit de la santé des abeilles, quelques traits de scie de plus ou de moins doivent-ils arrêter ? Et s'il est vrai, ainsi que je crois l'avoir prouvé, que la forme convexe est une nécessité, le supplément de main-d'œuvre, en supposant qu'il existe, devient donc indispensable. La preuve que le plafond convexe, tel qu'il est dis-posé, n'augmente pas la main-d'œuvre c'est que tout menuisier se charge de confectionner la ruche que je vais décrire au même prix que si elle avait le des-sus plat. A l'aide de cette description et des figures qui l'accompagnent, celui qui sait manier la scie et le rabot confectionnera sans effort la ruche en une journée.

§ 2. Ruche en menuiserie à châssis verticaux.

43° *Sa description.* — On se servira de bois tendre de deux épaisseurs, l'une de 36 millimètres pour le plafond, et l'autre d'environ 30 millimètres pour les côtés et les faces. De l'emploi de la première épais-seur dépend la confection économique du plafond.

Les deux côtés latéraux auront en longueur 33 cen-timètres sur une hauteur de 28 centimètres, non compris un centimètre pour la languette formée dans le milieu de l'épaisseur. Éloignés l'un de l'autre de 52 centimètres, mesure prise intérieurement, ils seront surmontés d'un plafond mobile composé de listeaux cintrés intérieurement ayant 36 millimètres de largeur. Deux feuillures d'un centimètre y seront pratiquées pour les languettes des deux côtés latéraux.

Le nombre des listeaux est de 9, lorsque la ruche se trouve au complet. Chacun d'eux est fait avec deux bouts de planches coupées sous un angle de 45 degrés et dont l'épaisseur de 36 millimètres est placée de champ. Le fil du bois se trouve ainsi conservé. On les assemble à un des bouts sans tenon ni mortier, soit avec une cheville soit avec une ou deux pointes; l'angle droit que cet assemblage forme intérieurement est abattu au moyen d'une scie tournante. Il n'y a pas de perte de bois ; car la même section, en changeant de face l'un des morceaux, est disposée pour l'assemblage et quelques traits de scie suppriment l'angle rectangle du haut et en même temps les deux angles obtus que la surface plane pocurerait dans sa jonction avec les côtés latéraux ; les surfaces extérieures restant planes, la main-d'œuvre se trouve réduite à sa plus simple expression.

La largeur de la planche forme l'épaisseur du plafond ; elle aura 7 centimètres, afin qu'après avoir abattu les angles il reste environ 25 millimètres pour l'épaisseur dans l'endroit le plus faible.

La face antérieure, dans la partie inférieure par laquelle elle est fixée aux côtés latéraux en recouvrant ceux-ci , a la forme d'un parallélogramme rectangle et dans la partie supérieure celle d'un triangle rectangle au sommet.

La face postérieure est mobile et sert de porte ; elle aura la même forme que l'autre ; mais comme elle doit entrer dans les côtés latéraux, on retranchera au parallélogramme à droite et à gauche une largeur égale à l'épaisseur de ceux-ci sur une hauteur égale à celle de ces mêmes côtés et on pratiquera des feuillures destinées à entrer dans les languettes des côtés. Les coupes des faces étant faites sur un angle de 45 degrés, on n'éprouvera aucune perte de bois en se servant de planches de 19 centimètres de largeur.

L'ouverture pour la sortie et la rentrée des abeilles sera faite au bas de la face antérieure dans le milieu, celle qui sert à introduire le tube de la boîte aux provisions sera pratiquée dans la partie supérieure de l'un des côtés.

Au moyen de fiches en fil de fer soutenues dans deux pitons fixés sur la face externe du volet on maintiendra celui-ci dans la position qu'il doit occuper.

La ruche reposera sur un plancher semblable à celui de la ruche à arcades.

Des traverses extérieures seront clouées tant sur les faces que sur les côtés pour empêcher le bois de se déformer. Pour maintenir la position des côtés latéraux dans la partie inférieure opposée à la face antérieure, on fixera au siège deux tasseaux en dehors des côtés. Je trouve ce moyen préférable à celui qui consiste à attacher le siège à la ruche d'une manière fixe.

Afin de fixer l'attention des abeilles, et dans la crainte que ces insectes ne viennent à prendre des points d'appui sur deux listeaux pour le même rayon, dans le milieu et au faîte de chacun des listeaux on placera une pointe ou une cheville qui fera saillie d'environ 2 millimètres sur la surface ; on attachera à la voûte le châssis dont la description suit :

Il a la forme d'un parallélogramme rectangle dont deux côtés opposés sont prolongés d'environ 4 centimètres ; c'est ce prolongement arrondi qui sert à les fixer à la voûte vers les extrémités de l'arc. Il se compose d'une traverse supérieure ayant 9 millimètres d'épaisseur, d'une planchette inférieure placée de champ et de deux planchettes aussi placées de champ ayant toutes 9 millimètres d'épaisseur et 25 millimètres de largeur. Sa largeur et sa hauteur sont telles qu'il se trouve environ 15 millimètres entre les côtés latéraux et les planchettes latérales et au moins un centimètre entre la planchette inférieure et le plancher. Les planchettes latérales sont attachées au moyen de pointes sur les extrémités de la traverse et de la planchette inférieure. Le châssis peut encore être suspendu à la voûte d'une autre manière en se servant de la traverse ; dans ce cas on prolonge celle-ci suffisamment pour faire entrer ses extrémités dans des petites mortaises.

Un toit mobile en planches d'environ 2 centimètres d'épaisseur recouvrira les listeaux. Il débordera de trois centimètres les faces de la ruche.

On donnera à celle-ci au moins une couche de peinture à l'extérieur.

44° Propriétés et avantages de la ruche à châssis verticaux. — La ruche que nous venons de décrire , ayant intérieurement la même forme que celle à arcades , réunit par conséquent toutes les propriétés de ces dernières. Voûte sans angles , salubrité du logement, conservation des abeilles , concentration de volume avec toutes ses conséquences, symétrie admirable des édifices dans des plans parallèles aux sections , telles sont les qualités qui la distinguent.

Quant à ses avantages au point de vue de la manipulation et des soins à donner aux abeilles , ils sont aussi les mêmes, mais à un degré supérieur pour la facilité. Au moyen de la division et de la mobilité du plafond , au moyen des planchettes qui y sont suspendues sans toucher les côtés latéraux, le minimum de hauteur des châssis permet d'enlever successivement tous les rayons avec tant de commodité que le moins adroit de tous les apiculteurs y réussirait sans rien rompre ni dégrader, et peut-être aussi sans avoir reçu un seul aiguillon.

On visite les rayons sur les deux faces, on les taille, on procède à leur rajeunissement comme avec la ruche à arcades composées. Le volet mobile du fond entrant plus ou moins dans les côtés latéraux et s'appliquant dans la partie supérieure de la dernière section, procure la facilité de diminuer ou d'augmenter la capacité en supprimant ou en ajoutant un ou plusieurs listeaux soit en avant soit en arrière ou entre chacun des rayons.

Lorsqu'il s'agit d'installer un essaim, si on ne peut pas le faire tomber à terre pour lui présenter la ruche, on doit d'abord le recueillir dans une ruche à dessus plat, après avoir renversé celle-ci l'ouverture en haut, on pose sur l'ouverture la ruche à châssis et l'essaim ne tarde pas à se loger dans cette dernière. A défaut de ruche à dessus plat on peut se servir d'une ruche ordinaire en ayant soin de placer celle-ci entre trois piquets ou dans un trépied.

§ 5. Ruche en paille à châssis verticaux.

45° *Sa description.* — Intérieurement elle a la même forme que les trois précédentes. Sa largeur est de 28 centimètres, sa hauteur y compris le cintre est de 42 centimètres. Les côtés latéraux ont en longueur 33 centimètres. Le plafond mobile, composé d'un nombre quelconque de demi-cintres, s'appuie sur les deux côtés latéraux. Chacun de ces cintres est formé avec quatre rouleaux de paille comme ceux de la ruche à arcades composées. A chacun des cintres on fixera un châssis semblable à celui qui a été décrit sous le n° 43, mais moins large dans la partie rectangulaire afin que les planchettes latérales ne touchent pas les parois. Les côtés latéraux, composés de cordons de paille placés verticalement, sont joints à la face antérieure dans toute leur longueur. Le volet mobile du fond est à recouvrement dans la partie cintrée et il est disposé comme celui de la ruche en menuiserie, afin qu'il puisse se placer entre les côtés latéraux et y pénétrer plus ou moins suivant le nombre des cintres.

On pratiquera une ouverture dans la partie inférieure de la face antérieure pour l'entrée et la sortie des abeilles.

Afin de donner à la ruche autant de solidité que si elle était d'une pièce, à l'extérieur on fixera savoir : aux côtés latéraux dans la partie inférieure un petit socle en volige et dans la partie supérieure une corniche de 5 centimètres environ de hauteur sur 25 millimètres d'épaisseur ; sur la face antérieure on fixera un socle et une traverse dont les extrémités seront jointes aux socles et aux corniches des côtés latéraux. Des montants semblables à ceux de la ruche à arcades composées serviront à maintenir les cintres.

Pour cacher les sections latéralement on fixera à la corniche une guinde d'un centimètre d'épaisseur, elle surpassera de 3 centimètres la hauteur de la corniche. A l'intérieur on appliquera contre les côtés latéraux un bout d'échancillon d'un millimètre d'épaisseur : il les dominera de 10 millimètres. Par ce moyen

les cintres seront placés dans une rainure qui empê-
chera les variations.

L'ouverture destinée au tube de la boîte qui sert
à présenter de la nourriture aux abeilles est pratiquée dans l'une des faces.

La ruche reposera sur un plancher semblable à celui de la ruche à arcades en paille.

Cette ruche, que je considère comme la plus per-
fectionnée, offre les mêmes avantages que la précédente quant à la manipulation. Elle est d'une construction facile et économique. Elle sera expérimentée
en 1856 dans les ruchers de la Société centrale d'a-
piculture de Paris.

46° *Manière de la faire.* — On se sert d'un plateau
arrondi aux deux bouts sur un rayon de 14 centimètres. On confectionne ainsi deux cintres en même
temps. En se servant d'une virole de 22 millimètres
d'anneau, les deux rouleaux internes d'un cintre
auront 35 à 36 millimètres de largeur. Les côtés latéraux se font en attachant à la suite plusieurs rouleaux
de manière à obtenir une surface plane de 28 centimètres de hauteur sur 36 centimètres de longueur. Les
bouts des rouleaux seront tranchés carrément en se
servant d'une règle et d'un couteau.

CHAPITRE V.

§ 1ᵉʳ. Comparaison entre la forme demi-sphérique et la forme
demi-cylindrique.

47° *Au point de vue de la conservation des abeilles.*
— La forme demi-cylindrique est infiniment préférable : sa supériorité devient chaque année plus évidente pour moi ; elle m'est démontrée toutes les fois que je visite en temps opportun mes abeilles pendant la mauvaise saison, afin de nettoyer les planchers. Je remarque qu'il y a toujours bien moins d'abeilles mortes dans mes ruches à arcades que dans les autres ; je ne vois par-ci par-là que les cadavres de celles qui ont péri de vieillesse ; tandis que dans une partie des autres, même à dessus bombé, je remarque souvent que, par l'accumulation des mouches tombées sur un même point vis-à-vis l'espace entre deux rayons, principalement ceux extrêmes, l'humidité intérieure a causé de grands ravages dans la population. La raison de cette différence, nous l'avons déjà dit, provient de ce que les rayons de la ruche demi-cylindrique sont, comme les rayons centraux de la ruche ordinaire, tous en harmonie avec la convexité.

48° *Au point de vue des travaux.* — C'est encore, selon moi, la forme demi-cylindrique qui l'emporte. Mes ruches à arcades, à quelques exceptions près, ont depuis trois ans pesé à l'automne plus que les autres. Ces exceptions frappaient principalement sur les essaims faibles ; ceux-ci ont parfois acquis plus de provisions dans la ruche bombée, sans doute par la raison qu'ils avaient construit une moindre étendue de rayons.

Au point de vue de la force des essaims. — C'est toujours la forme demi-cylindrique qui m'a paru avoir une supériorité bien prononcée.

Ces résultats, constatés par mes observations, ont trop d'importance pour ne pas être signalés : ils méritent une sérieuse attention.

§ 2. Comparaison entre les ruches en paille et celles en menuiserie.

Sous le rapport de la précocité des essaims, les ruches en paille m'ont toujours paru préférables ; car ce sont elles qui, tous les ans, jettent leurs essaims avec une avance d'environ 8 jours sur celles faites en planches. Cependant la forme de mes ruches, soit en bois soit en paille, est la même dans le système vertical : elles sont toutes à la même exposition et reçoivent les mêmes soins.

Pour la conservation des abeilles, je m'aperçois aussi que la paille est plus saine que le bois, non pas, comme on l'a dit, parce qu'elle absorbe mieux l'humidité, mais parce qu'elle en procure moins. Cette différence provient peut-être de ce qu'elle est moins sujette que le bois à subir l'influence du froid et de la chaleur. Les rayons noircissent moins vite dans les ruches en paille : celles-ci enfin m'ont toujours semblé plus productives que les autres.

Les ruches en bois de forme cylindrique procurent tant de chaleur que non-seulement elles doivent être préservées de l'ardeur du soleil, mais qu'il importe aussi, quand on y a recueilli un essaim, de donner beaucoup d'air pendant plusieurs jours. A cet effet, on place la ruche sur des cales de deux centimètres d'épaisseur : sans cette précaution une partie des abeilles se réfugierait sous le plancher. Cette remarque m'a prouvé qu'il n'y a pas de forme plus convenable que la forme demi-cylindrique pour. procurer de la chaleur.

§ 5. Comparaison entre les trois systèmes.

Quand il s'agit de marier les ruches, l'opération se fait mieux et plus habilement avec le système à divisions horizontales qu'avec les autres ; cela tient à ce que le miel est toujours placé en haut de préférence et que le fond supérieur où sont les provisions entre dans la réunion. Si ce n'était la grande facilité que notre ruche à hausses présente pour cette opération, si ce n'étaient les bons résultats qui en adviennent, je n'aurais absolument que des ruches à arcades, à sections perpendiculaires, car envisagées sous tous les rapports, ces dernières sont infiniment supérieures. En effet, les constructions des abeilles étant disposées verticalement, il faut nécessairement, dans le système à sections horizontales, rompre les rayons lors de la récolte. On ne peut pas visiter les rayons dans toute leur étendue ; en enlevant une section ou même une partie de cette section, on ne sait pas au juste la quantité de provisions laissées aux abeilles ; il faut un certain discernement lors de la récolte. Prendre une partie de hausse devient souvent un inconvénient pour renouveler les édifices ; l'enlever en entier, c'est souvent porter le découragement dans la population ; il est rare, à moins que le pays ne soit très-fertile et que l'année soit très-favorable, qu'on puisse récolter deux fois du miel dans la même saison, on n'est pas même assuré de le faire une fois tous les ans ; on récolte plus de cire à la vérité, mais moins de miel. Bien que notre ruche à hausses soit essentiellement convenable pour le rajeunissement des édifices, celles à sections perpendiculaires ont encore la supériorité sur ce point important.

Sous le rapport de la manipulation, ces dernières doivent tenir le premier rang, principalement celles à châssis verticaux. Envisagées sous celui du produit, je leur donne aussi la préférence, ne serait-ce que par l'avantage qu'elles présentent pour récolter sur les essaims.

RÉSUMÉ.

Avec des ruches d'une seule pièce, comme celles du temps de Virgile, on éprouve des pertes fréquentes et multipliées, parce que l'expérience échoue devant l'impossibilité de soigner les abeilles. La culture de ces insectes n'est réellement facile et productive qu'en employant des ruches divisibles. On est généralement d'accord sur ce point.

Les ruches à dessus horizontal étant vicieuses, elles ne conviennent pour aucun système ; celles à dessus convexe méritent la préférence : c'est un autre point qui n'est pas contesté.

Dans le système à coupe horizontale, il existait une difficulté qui semblait insurmontable : c'était d'obtenir avec la forme bombée tous les avantages qui résultent de la forme cubique au point de vue de la manipulation ; notre ruche à hausses, quoique très-simple et très-économique, en a donné la solution. Que faut-il de plus ?

Dans les autres systèmes à sections perpendiculaires, on ne peut pas songer à se servir de la forme bombée, nous l'avons établi par la théorie. Avec un plafond demi-cylindrique tous les bons principes sont appliqués, et d'ailleurs les résultats démontrent de la manière la plus péremptoire que la bonne direction des édifices est assurée et que les abeilles prospèrent et se conservent parfaitement. C'est donc cette forme qui convient. Il n'y en a pas d'autre. On a dû remarquer qu'elle n'exclut ni la simplicité, ni le bon marché ni aucun avantage. D'autres que nous diront si la ruche à arcades est la réalisation d'un progrès.

Quels sont les inconvénients d'un plafond demi-cylindrique ? J'adresse avec confiance cette question à tous les apiculteurs. Quels que soient leurs principes, quelle que soit leur méthode, expérimentés ou non, tous quand bien même ils n'auraient pas encore constaté les propriétés attachées exclusivement à la nouvelle forme , tous sans exception y reconnaîtont au moins les signes d'un perfectionnement, puisqu'elle fait disparaître tous les inconvénients qui ont été signalés avec raison dans l'emploi d'un plafond horizontal ou anguleux.

On doit donc conclure avec nous, sans crainte d'erreur, que si jamais, dans les systèmes à divisions perpendiculaires on parvient à construire une ruche parfaite, celle-ci aura, comme la nôtre, un dessus demi-cylindrique. Hors de cette forme il n'y a qu'illusion !

FIN.

EXTRAIT DU COMPTE-RENDU

de la Société d'Agriculture, Commerce, Sciences et Arts du département de la Marne.

EXPOSITION DU MOIS D'AOUT 1855.

M. Greslot, ancien juge de paix à Plichan-
court. — *Ruches à abeilles*. — Ces industrieux
insectes, à qui nous devons la cire et le miel,
ont trouvé dans M. Greslot un ami zélé, un
architecte habile qui leur a consacré sa vie, et
qui est parvenu à réunir dans leurs demeures
les meilleures conditions de bien-être, et les
dispositions les plus propres à y faciliter leur
travail, et à le rendre plus productif.

Les ruches exposées par M. Greslot sont si
adroitement combinées qu'on peut faire plusieurs récoltes partielles dans la même année,
sur les essaims, sans détruire le couvain ni
déranger les abeilles de leur travail ; réunir
deux ou plusieurs peuplades avec les rayons
qui conviennent ; faire des essaims partiels ou
empêcher l'essaimage ; diminuer ou augmenter
la capacité ou le nombre des rayons, établir
entre les édifices, ou dans le prolongement, en

avant ou en arrière, l'espace nécessaire pour des constructions nouvelles; visiter chacun des rayons dans toute l'étendue des deux faces, soit pour se rendre compte des provisions, soit pour supprimer les portions défectueuses, prendre du couvain royal et s'emparer de la reine· quand cela est nécessaire ; changer la place ou la disposition de chacun des rayons, en prendre pour les mettre dans une ruche afin de fortifier les essaims tardifs et les ruches faibles, et les nourrir ; enfin donner de l'air aux abeilles et leur présenter de la nourriture sans être obligé de soulever la ruche.

M. Greslot a exposé deux ruches : l'une à divisions horizontales, l'autre à châssis verticaux. Dans la première, des grillages bombés, fixés au-dessus de chacune des divisions, et qui constituent la partie essentielle, rendent possibles et simples toutes les opérations.

S'agit-il de réunir deux ruches, on enlève le couvercle de l'une, et on y substitue l'autre ruche débarrassée des hausses inférieures inutiles; la réunion se trouve ainsi effectuée avec les provisions des deux ruches. Veut-on seulement augmenter une ruche , on ôte le couvercle , et on le transporte sur une hausse vide qu'on met à la place occupée auparavant par ce couvercle.

Pour la récolte, après avoir ôté le couvercle, on enlève la hausse supérieure et on replace le couvercle toujours vide sur la deuxième qui devient la supérieure.

La ruche à châssis verticaux , à cause de sa forme cylindrique, a pour avantages particuliers la bonne direction des rayons, la salubrité du logement , le maximum de volume dans des dimensions données. Ces ruches ont été, pendant toute l'exposition, pleines d'abeilles, et ouvertes de manière à laisser voir les constructions intérieures et le travail; un tube communiquant à l'extérieur et une grille métallique permettaient aux abeilles de sortir sans inquiéter les nombreux visiteurs.

Ces appareils vous ont paru, comme à votre Commission, aussi parfaits que possible ; vous avez décerné à M. Greslot une médaille de vermeil.

LÉGENDE.

—

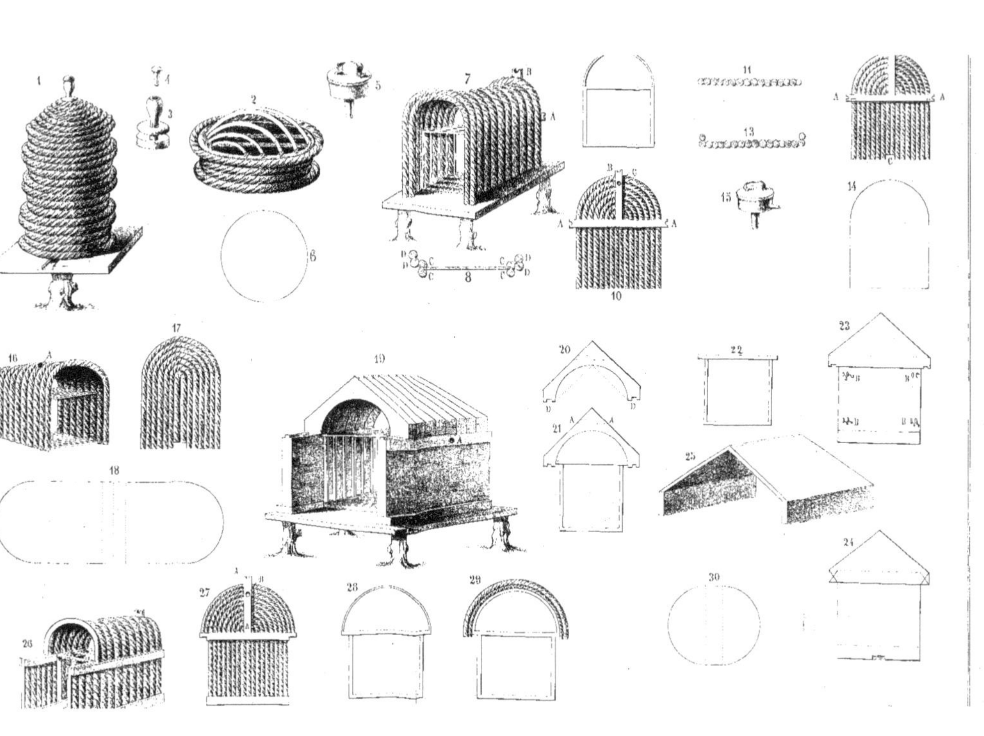

TABLE.

———

pages.

AVIS.

Battelier-Deschamps, menuisier à Vitry-le-François (Marne), enverra, aux adresses qui lui seront indiquées, une ruche en planches avec ses 8 cintres et châssis, le toit et le plancher compris, moyennant   8 fr. 00

Lorsque la demande s'élèvera à plus de deux ruches, chaque ruche ne coûtera que   7 fr. 00

Théophile Ludot, marchand vannier à Vitry-le-François, adressera aux personnes qui lui en feront la demande les ruches en paille ci-après désignées, aux prix suivants :

Une ruche à couvercle bombé, composée du couvercle et de deux hausses munies chacune d'un grillage bombé   1 fr. 50

Chaque hausse supplémentaire, grillage compris, si elle est demandée   0 fr. 50

Une ruche à arcade simple, composée du corps de ruche et de ses volets mobiles   2 fr. 75

Une ruche à châssis verticaux, composée de ses parois et de huit cintres   5 fr. 00

Nota. — Les expéditions des ruches en paille ne commenceront qu'à partir du 1er novembre 1856.

Loisy, ferblantier à Vitry-le-François, fera parvenir aux adresses qui lui seront désignées une boîte en fer-blanc à double tube, moyennant   2 fr. 00

Les expéditeurs ne se chargent pas des frais de transport : ils feront suivre en remboursement. (*Affranchir*).

AGRICULTURE.

Agriculteur Praticien (*L'*), *Revue de l'agriculture française et étrangère*, 3ᵉ année, Prix de l'abonnement.   6 fr.

La 1ʳᵉ et la 2ᵉ année, ensemble   10 fr.

Chaque année séparément.   6 fr.

Cultures dérobées (*Des*) comme fourrages et engrais verts en général, et de la culture de la **Moutarde blanche** en particulier, trad. de l'anglais et annoté par J.-A. G. 1 volume in-18, avec fig. (SOUS PRESSE).

Engrais (*Des*) en général et spécialement de la manière de traiter les fumiers et le purin pour en conserver toute la valeur fertilisante, suivi de la manière de traiter les matières fécales, par M. Greff, In-8°.   10 c.

Engrais (*Des*) ou l'art d'améliorer les plus mauvaises terres par les amendements et des engrais de toute nature, par Ducoin, In-18.   1 fr. 25 c.

Irrigation (*Manuel d'*), par Dumy. In-18, 100 fig.   1 fr. 50 c.

Irrigations (*Petit traité des*), par James Donald, traduit par A. de Framond. In-18 avec fig.   50 c.

Laiterie (*La*), suivi de la fabrication des fromages, par A. de Thieh, 1 vol. in-18 avec figures.   75 c.

Maïs et Sorgho sucré (*Alcoolisation des tiges du*). Alcool. — Cidre. — Bière. — Vins artificiels, par Béranger-chimi, in-18.   75 c.

Maïs (*Du*), de sa culture et des divers emplois dont il est susceptible, par Keene et A. de Thieh. In-18.   50 c.

Moutons (*Guide de l'éleveur et de l'engraisseur de*), par J.-J. Legendre, Propriétaire-Cultivateur, 1 vol. in-18.   1 fr.

Porcheries (*De l'établissement des*), dispositions diverses, construction, par de Grandvoinnet, professeur de génie rural à Grignon, 1 vol. in-18, avec un grand nombre de figures dans le texte. (SOUS PRESSE).

Porcs (*Du traitement des*) aux différentes époques de l'année, en santé et maladie, etc. Extrait des meilleurs ouvrages anglais, par J.-A. G. 1 vol. in-18 avec 30 figures dans le texte.   1 fr. 25

Topinambour (*Du*). Culture, alcoolisation, panification de ce tubercule, par Delmetz, cultivateur, 1 vol. in-18.   1 fr. 25

Vers à Soie (*Manière la plus profitable d'élever les*), et sur les moyens de prévenir et guérir la muscardine, par le docteur Bassi, traduit de l'italien, par F. Gazalis, médecin, in-8°.   1 fr.